想像未來最好的方法，
就是去創造它！

——彼得·杜拉克

用人不在於如何減少人的短處，
而在於如何發揮人的長處！

——彼得‧杜拉克

一口氣讀懂
彼得·杜拉克

研究彼得·杜拉克的專家
韓根泰帶你一窺杜拉克
此書是他使出渾身解數
精心整理而成的杜拉克思想精髓

韓根泰　著

作者簡介
韓根泰

　　HanS Consulting顧問公司負責人，首爾科學綜合研究所教授。畢業於首爾大學纖維工程學系，取得美國艾克朗大學（University of Akron）高分子工程學博士學位。畢業後回到韓國，在39歲那年，成為大宇汽車歷年來最年輕的理事，在當時成為話題人物。

　　他在40多歲時，突然向大宇汽車提離職，決心成為一名商業顧問。在當時，韓國國內幾乎沒有工學博士出身的管理顧問，他以老新人之姿進入IBS顧問公司，經過兩年實戰訓練，為了成為更加成熟的專業人士，他到芬蘭赫爾辛基大學（University of Helsinki）攻讀企業管理學碩士學位。

　　歸國後，自1999年起赴任韓國領導力中心（KLC, Korea Leadership Center）（美國富蘭克林公司的韓國夥伴）的所長，並擔任LG集團、Hana銀行、國民銀行等大企業的諮商顧問和教育講師。在渴望變化的CEO們之間，他累積了不少好名聲，同時以管理學專欄作家的身分活躍著。

著作有《創造屬於我的規則》、《40代，重寫我的人生履歷》、《公司是希望》、《睡前10分鐘，決定我的明天》、《前往管理最前線》、《韓國人，成功的條件》、《青春禮讚》、《揭開秘密》、《中年禮讚》…等。

作者的話

我人生的楷模：彼得 ‧ 杜拉克

　　完成美國的學業後，我進入汽車公司的中央實驗室工作。這個單位負責決定汽車配件的規格，並檢查配件是否有按照規格製作。相對其他單位來說，此實驗室偏向學術性質的單位。某一天，公司高層把我叫了過去，要求我負責塗裝部門，並派給我一個任務：大幅降低工廠不良率。到現場後，我發現狀況亂七八糟。不管是塗料、設備，還是人事方面等各種問題，都不禁讓人懷疑自己的眼睛。前處理、電解、第一道處理、第二道處理、第三道處理…等，工序複雜又冗長。廠內每個員工都認真工作，但總把錯誤推給前一個作業單位。這個狀況讓我感到非常焦躁，每當要進一步具體地了解問題時，沒有一個人能清楚回答，大家幾乎都是給予無法量化、空虛模糊的答案。

　　究竟出了什麼問題？該從哪邊下手？我無法做出判斷。當時，我正好在讀彼得‧杜拉克的書，有一段內容提到「如果能夠量化，就能改善問題」，看到這句話時，彷彿一道曙光照亮了我混沌的腦袋。我馬上著手製作每個工序的檢查表

格（Check List），分發給各個部門，要求大家量化前一工序的品質狀況。中斷員工情緒性的抱怨，用具體可量化的方式，探究配件品質的好壞，找出問題的成因。經過各種的努力，原先毫無頭緒的宛如慢性病的不良率問題，終於找到了解決的辦法。

世人讚揚杜拉克為管理學之父，創造管理學的人，更有無數的經理人獲得正面的影響。在閱讀杜拉克著作的過程，我也受到各種影響。每當遇到事件問題時，我腦中總會浮現杜拉克的語錄。遇見參與非營利組織活動的人，我會想跟他們說「企業的經營要像非營利組織一般，非營利組織的經營要像企業一般」這句話。面對因為主管而煩惱的人，我會勸他「分析你的主管是哪一種人，有人是傾聽型，有人是說話型，也有人是閱讀型」。提起時間管理時，我會聯想到「確保擁有一段完整的時間，當時間被切割成碎片時，我們無法從事具有生產力的事」這句話。提起決策時，我則會想起「若想知道決策是否正確，必須建立檢視方法。過了一段時間後，一定要回顧結果」。

知識工作者該如何在社會生存，杜拉克親自做了最好的示範。他每兩年挑戰一個新的知識領域，持續做出改變。通用汽車的商業顧問、馬歇爾計劃的參謀…等，杜拉克曾執行各種計畫，他更把自己的經驗集結成書出版，持續地督促自己成長。杜拉克也相當了解自己的個性，所以拒絕了哈佛等名門大學的邀請，堅持留在規模較小的學校。

　　杜拉克教授是我人生的楷模，他持續挑戰新的知識領域，把心得撰寫成書，四處演講，為這個世界帶來正面的影響，我希望能像他一樣過日子。我寫這本書有兩個原因，一是想要整理杜拉克的論點，探討這位大師對我的人生帶來多少影響。二是想要把杜拉克介紹給一般民眾認識，所以我盡了最大的努力，把文章寫得淺顯易懂。

　　在我書寫這本書的過程中，我想起了已故的大邱大學李在圭（音譯）校長。他竭盡一生研究杜拉克，市面上關於杜拉克的書籍大多由他翻譯。在他的晚年，李校長曾向我提議一起翻譯杜拉克的書。書籍翻譯到一半時，我收到了他的訃聞。直到生命的最後，李教授不顧身體的病痛，依然翻譯了好幾本著作。聽聞此消息時，彷彿有一股熱流貫穿我的全身。杜拉克教授很偉大，奉獻一生研究杜拉克的李在圭校長也很偉大。我感到非常驚訝，原來一個人的貢獻可以影響世界上這麼多人。在此，我想將此書獻給杜拉克教授、李在圭校長以及所有敬仰杜拉克教授的人。

目錄

Ⅲ. | 專屬於我的技能：知識

IV. | 自我管理：領導力和組織

V. | 關於人的課題：管理

I.

創造價值的框架：創新

創新是創造出全新需求，不是發明，而是發現。

發現新的顧客、新的用途、新的通路、顧客的隱藏需求，這些都是創新。

創新是賦予人力資源和物質資源全新能力的活動，促使資源創造出巨大能量。

利用社會需求創造出利潤，同樣也是創新的一種。

技術是實力

　　印刷術對人類造成哪些影響呢？西元 1450~55 年間，古騰堡發明了印刷報紙和活字印刷術。在這之前，書的製作是由受過訓練的修道士負責抄寫，一天 4 頁，一周約 25 頁，每人一年的產出約 1,200~1,300 頁，因此當時書籍的價格非常昂貴。印刷術約莫在西元 1500 年問世，超過一萬名從事抄寫工作的修道士因而失業，書籍的價格隨之暴跌。在過去的社會，書籍是奢侈品，只有富人和受過教育的人有能力購買。另一方面，印刷術也促成了宗教革命。

　　嚴格來說，馬丁・路德不是首位倡導宗教革命的人物，英國的約翰・威克里夫（John Wycliffe）、波西米亞的揚・胡斯（Jan Hus）都比他還早主張宗教革命，也有獲得民眾支持，但單憑口耳相傳難以將主張傳播至其他區域。1517 年 10 月 31 日，德國鄉下小村莊的一個教會門前，馬丁・路德發表了《九十五條論綱》後，獲得了和前面兩位完全不同的結果。馬丁・路德原本只打算在教會舉行傳統的神學討論，但在尚未得到他同意的情況下，《九十五條論綱》即刻

被印刷在紙上，並在德國境內免費發送，接著散播到整個歐洲大陸，最後促成了宗教革命。在這個案例中，印刷業者沒有達到特別的成就，因為重點不是技術，而是資訊。另一個案例，資訊革命則是由會計師和出版社主導促成。

　　有形的競爭者不可怕，真正可怕的是無形的競爭者。技術不可怕，真正可怕的是技術帶來的轉變。生活中，新技術總會不斷出現，並改變世界運轉的方式。智慧型手機就是最具代表性的例子，它對未來還會帶來什麼改變，沒有人能精準預測。說實話，我十分好奇誰會是最後的贏家？在過去，印刷技術出現後，最後的贏家不是印刷業者，而是擁有資訊內容的出版業者。在未來，我認為比起擁有硬體技術的業者，擁有內容的業者比較有可能成為最後的贏家。各位的想法是什麼呢？

　　製造業最重要的一環是研究開發，即 Research and development。其中「research」這個英文單字，代表重新尋找的行為（re-search）。研發和發明一樣重要，重點是要能在既有的事物上，發掘全新的想法。摔角運動中，最重要的技巧是拋摔。摔角手若不懂拋摔，他也做不到其他技巧，因為拋摔是力量的象徵。無論是企業或個人，研究開發就是力量的來源。唯有持續精進技術，個人和組織才能達到永續發展。

　　技術的發展讓歷史隨之改變。成吉思汗之所以能支配巨大版圖，核心能力是他擁有的技術。東方國家之所以向西方國家伏首稱臣，說穿了也是軍事能力的差異。已經擁有核子技術的國家，想盡辦法阻止其他國家研究發展核子技術，因為擁有技術等於擁有實力。

　　技術就是實力，一個國家的技術開發能力如果比不上其他人，它終將失敗，並淪為落後國家。

改變世界的技術

　　技術改變世界，大部份的文明起始於大河畔，接著慢慢發展成為國家。國家的出發點是灌溉技術，為了農業發展，人們需要有穩定的水源供給，其核心能力就是灌溉技術。為了管理相關事務，人們創造了組織，最後發展為國家。人類史上，最初的技術革命是灌溉技術。鐵道讓法國成為一個國家，在此之前，法國只是一個鬆散的地區集合體，每個區域各自獨立。鐵道出現後，法國逐步往政治統一的路線發展，因為鐵道讓民眾的心理產生變化。

　　印刷術的發明促成宗教革命，蒸汽機的發明則促成工業革命。在這兩個例子中，技術已經跳脫自身的層級，引起超乎想像的風波。此外，技術有時會被用在和發明初衷完全不同的地方上。二次大戰時期發明的 DDT，原先是想要保護熱帶地區的士兵，避免他們受到昆蟲和害蟲的攻擊。研發者或許從來沒有想到，DDT 後來會被用在保護森林、農作物和家畜上。若能殺死對人類有害的昆蟲，應該也能殺死對植物有害的昆蟲，DDT 最後被運用在農林業上，這與發明初衷完全不同。技術的應用需要有策略規劃，因此我們要能回

答底下這些問題。

1. 有哪些領域需要新的產業或工程技術？

2. 新技術中，有哪些是符合既有市場的需求，且能夠發揮巨大的經濟效益？

3. 新知識中，有哪些還沒有發揮經濟上的影響力？

4. 新技術的發展能創造具有意義的全新見解或概念嗎？

比起技術，更重要的是技術帶來的影響，即技術的擴散效果。這不是一件簡單的事，因為技術應用很少按照最初預期而發展。拉鍊原本是在港口碼頭用來綑綁沉重貨品（如：穀物布袋）而發明的物品，當初從沒有想過拉鍊最後會被廣泛用在衣服上。麻醉藥也是相同道理，人們最初把古柯鹼當成麻藥使用，後來因為發現會中毒成癮，所以被禁止使用。1905 年，德國科學家阿佛烈（Alfred Einhorn）發明了奴佛卡因（novocaine），他建議外科醫師作為麻醉藥使用，卻沒有人願意採納他的意見，反而是牙醫師率先使用。

技術並非只為世界帶來好處，這是科學的悖論。先進的拖網漁船橫掃大海海底，小至魚卵都被撈起。聯合國糧食及農業組織（FAO）也承認，目前世界漁業的 90% 已落入崩潰深淵。我們原本相信科技能幫助人類脫離貧困，卻害安份守己的小漁民更加窮苦。汽車也是相同的狀況，為了能夠快速移動，人類發明了汽車。雖然車速上限越來越高，卻因道路上的車太多，讓所有人陷入塞車的困境，速度因而變慢，市區的狀況則更嚴重。對於技術的發展，各位有什麼想法呢？

做好準備迎接改變

詹姆斯・瓦特（James Watt）發明的蒸汽機主要是用來「抽取煤礦場坑道的積水」。在瓦特生前，他都不認為蒸汽機有其他用途。瓦特的合夥人馬修・博爾頓（Matthew Boulton）是真正的工業革命之父，博爾頓把蒸汽機賣給紡織廠，僅僅 10 年棉織品的價格就降了 70%，成功促成工業革命。雖然這項新技術造成無數勞工失業，也有一群人曾經發起盧德運動（Luddites），但依然難抵時代潮流的力道。

我們無法管理變化，我們能做的只有走在變化的前面。我們無法避免變化，它就像是死亡和稅金一樣的存在。為了改變，與其尋找未知的新事物，我們首先要懂得捨棄不必要的事物。面對年歲已高的產品、服務、市場、技術，我們必須謹慎處理。想要防止屍體發出腐臭味是相當困難的事情，投入大筆金錢都不一定辦得到。為了擁有主導變化的權力，我們應該將焦點放在可能造成話題的機會上，而不是已經存在的問題。

　　然而，無論是人或組織都無法輕易改變，變化通常都在山窮水盡才會發生。當過去的方式或商品行不通時，我們就該做出改變，有變才能通，易經說「窮則變，變則通，通則久」，指的就是這個道理。當事物發展到窮盡之時，就要尋求改變，改變則能通達，通達才會長久。

　　為了因應變化所帶來的衝擊，我們必須徹底做好迎接未來的準備。人們害怕面對未知，但卻從沒做好準備。面對改變所能做的最好準備，就是用最優秀的方法完成當下的工作。認真準備的人不會恐懼，只擔心卻不採取行動的人才會被恐懼追著跑，並拒絕改變。未來伴隨各種徵兆步步接近，若想順勢而為，在事前就要讀懂微小的跡象。中國文學有句話是「礎潤而雨」，礎石因水氣濕潤是即將下雨的預兆。

　　世界知名的運動公關經紀公司 IMG 集團創辦人馬克・麥柯馬克（Mark McCormack）曾說過下面這段話，表示若想做出改變，請成為一位準備症患者。

　　「做多少準備，得到多少成果。台上一分鐘，台下十年工。做萬全的準備不會得到認可，甚至有時會遭人揶揄畏首畏尾太過膽小。為了替未來的失敗找藉口，有的人會聲稱沒做任何準備，有的人則故意在他人面前，裝出努力準備的模樣。為了成為第一名，真正有智慧的人通常是不露聲色揮灑汗水努力，並且不願讓別人知道。」

　　戴爾‧卡內基（Dale Carnegie）曾說過「與我們的意願無關，這個世界會不斷地變化。我們只能猜測未來的轉變，進而做出相應的準備。如果你害怕改變，請將精神集中在自己該處理的事物上。只要做好萬全的準備，你就不會感到擔心害怕。」

　　各位最近過的如何？一帆風順嗎？需要改變嗎？危機因子是什麼呢？你是否因為沒搭上世界潮流，而獨自一人害怕發抖呢？

　　難道引起這些症狀的問題沒有改變的機會嗎？如果覺得老是諸事不順，那就是需要改變的時刻，如此我們才能走得長久。

創新，滿足全新的需求

　　創新是跳脫過去的思維模式，打造出全新產品或服務以滿足人類的需求。發現新顧客，發現新用途，發現新通路，發現顧客的隱性需求，以上全部都是創新。

　　企業存在的目的是為了服務顧客，因此對企業來說，最終目標是讓顧客滿意。即，我們必須掌握客戶的需求，提供符合條件的商品或服務。

　　創新不是發明，它是經濟用語，而非科學用語。創新是利用既有的人力和物質資源，創造出全新的價值。利用人類社會的需求創造出利潤，此舉動也屬於創新的一種。

　　19 世紀初，美國農民因購買力低落，無法購入農具機械，因為只有在秋天收成後，農民才會有大筆的現金收入。農具機械明明就有市場，卻因目標族群購買力低而做不出成績，這該怎麼辦才好呢？

　　為了解決這個問題，美國知名農具機械公司麥考密克（Mccormick）首創了分期付款（installment buying）方案。他將農機具賣給農夫，但等到秋收才收取現金款項。農夫用未來的收入作擔保，提前購入農機具。如果執著於過往的消

費模式，將無法創造出農機具的消費市場。

現今常見的貨櫃同樣也是創新下的產物。輪船利用水路運輸貨品，但貨物裝卸相當耗時，於是人們開始思考該如何縮短上下貨的時間，最後創造出貨櫃。輪船被當成運送貨物的工具，盡可能縮減船隻在港口停靠的時間。貨櫃船出現後，水路運輸效率足足提高四倍之多。

是什麼東西讓國民教育能夠普及？答案是教科書。教科書不僅提高教育的價值，也幫助師範學校系統性地培育教師。相較於教育學理論，教科書的發明帶來更大的影響。沒有了教科書，教師無法獨自一人同時教導數十名以上的學生。

創新是提高資源的生產效率，利用相同資源創造出更多的客戶價值，這就是創新。創新是改變顧客感受到的價值和滿意度的活動，為了創新，我們要站在顧客的立場檢視問題，才能找到解決方案。

IMF 金融風暴時，我曾經聽過一個有趣的論點，該分析表示「人雖勤奮工作，金錢卻很懶惰，於是爆發外匯危機。」花錢花錯地方，害得真正需要的地方沒有錢，最終發生了外匯危機。

這種事件依然不斷發生，一般企業因為有破產制度，不太會有此種浪費行徑。然而，沒有破產制度的公共機關卻經常發生資源浪費的問題。各位隸屬的組織如何呢？大家有善於利用時間、金錢和精力嗎？企業資源是否被有效利用，還是花費在不必要的地方上呢？

捨棄就是創新

　　傑克・威爾許（Jack Welch）成為通用公司（GE）執行長後，做的重大決策之一是「除了第一二名的事業體外，其他事業全部收掉。」換句話說，他把績效不好或沒有前景的事業全部賣掉，其中包括了代表 GE 傳統的家電事業。幫助威爾許下此決定的背後推手正是杜拉克，他曾向杜拉克諮詢「是否該繼續經營年老但失去競爭力的事業體」，並問杜拉克：「當要展開一個新事業時，舊事業要如何處置呢？」

　　一聽到這個問題，所有事情都明朗化了。在創新的過程中，最重要的一個環節就是捨棄。制定經營策略時，最重要不是決定該做什麼，而是決定不該做什麼。為此，組織每三個月要召開會議，共同檢討公司的產品、服務、程序和政策，並問大家兩個問題。（一）要用目前的方式進入新產業嗎？（二）如果一的答案是否定，那要用何種方式進入呢？換句話說，企業需要定期檢討和修正策略方針。

　　我們必須定期丟掉廢物，人體天生擁有著排除廢物的機能，但企業本身極度抗拒丟棄。捨棄（abandonment）很不簡單，影響的層面也很多，尤其會對成員的意識型態和組織

產生巨大變化。在此過程中，我們有時也會發現新的產品。為了身體健康，我們需要定期進行斷食療法，暫停攝取任何飲食，乾淨排除體內所有廢物。比起一心想著做些什麼，更重要的是不要故步自封，這就是創新。

當個人或組織過於忙碌時，我們會因為沒有餘裕而難以創新。每天被各種雜事纏身，沒有時間思考其他可能性。待辦事項一件跟著一件，過著看似忙碌，實際上卻生產力低落的日子。創新也代表著去蕪存菁，不需處理的、他人更擅長的或自己沒有本事做的，把這些事物交給其他人處理。我們必須確保擁有自我的空間和時間。空白不是虛度浪費，而是還給自己思考的時間，尋找創新的契機。

空和虛不只代表「無」，它還代表「可能性」。當想要做一件事時，同時也要捨棄其他兩件事。屏除雜念，集中精力在擅長的事情上，唯有如此才能提高創新成功的可能性。

創新要懂得捨棄。美食名店的菜單通常只有一到兩樣可以選擇，難吃的餐廳則因為什麼都想做，所以菜單很豐富。拋棄不必要的事物，去蕪存菁才能洞察一切。因此，我們不要總想著要做些什麼，而是要時常思考哪些是不必要的事情。

英文單字「jettison」指的是，當船舶或飛機遇到緊急情況時，除了人命之外的所有貨物都必須投入大海。無論再昂貴的貨物，一旦遇到船難，一律都要丟入海中。老子道德經中說「為學日益，為道日損」，做學問是每天不斷地學習，學道則是每天不斷地捨棄。創新就是捨棄。

創新的起源來自現場

　　1950 年代初期，紐約最大的梅西百貨公司執行長曾說過，「我非常擔心家庭用品銷售量大增的現象，卻不知道該如何應對。」過去，百貨公司營收的主要來源是時尚精品，但其實該現象代表創新機會的來源。意料之外的成功伴隨著機會，但若沒有認真看待，機會將稍縱即逝。想要成功抓住機會的話，必須將公司的一流人才分派到該位置上。失敗大多是因為一個單純的失誤、貪欲、愚昧、盲從或無能所造成的。

　　創新是具有組織性、系統化和具邏輯性的活動，不可以單靠直覺，尤其「我覺得（what I feel）」的說法是完全沒有用處。使用「我覺得」說法的人，並沒有「客觀了解事實」，而是用來傳達「我所期望」的另一種表現方式。若想要客觀看待現況，最好的方法是離開位置，四處看看、虛心請教和聆聽意見。現實為何產生變化並不重要，重要的是要認清和接納已經改變的事實。

　　創新的起源來自於現場，我們可以從現場找到答案。衛采製藥公司（Eisai）重視現場體驗研習，他們訪問各大醫院、相關機構和病友會，實際與病人相處，親自體驗各種情境，公司相信只有這種方法才能切身理解病患的需求。親自體驗病人面臨的困境，賦予員工想要解決問題的動機和責任感。衛采公司的主要商品愛憶欣（Aricept）是用來治療阿茲海默症所引起的癡呆症狀，員工親自到現場觀察後，愛憶欣有了兩個創新的發展。（一）是僅需少許唾液和水分便可溶解的口溶錠，（二）是做成果凍狀的果凍錠。

　　員工參訪療養機構時，為了吞嚥困難的癡呆症患者，護士把藥磨成細粉灑在食物上餵食。看到這一幕，藥廠員工有了「提供這個病人吞嚥方便的藥物」的想法，這個需求因而變成了一個新點子。

　　你知道「我問現答」嗎？代表「我」們的「問」題「現」場就有「答」案。創新也是同樣的道理，現場就能找到答案。日本建設公司金剛組有著 1400 年的悠久歷史，他們建造的佛寺曾經歷阪神大地震，但依舊逸立不搖，一度成為話題。這間公司經營的第一原則是社長必須親自到工地參與建設，這也是創新就在現場的最好的證明。

　　為了創新，我們必須正確診斷問題，若能夠確實且深入分析問題，我們就已經解決一半的問題。創新的源頭分為內部和外部，可能是意料之外的成功、失敗或外部事件。此

外，和預想不同的事物也有可能成為創新的起始點。產業結構和市場的變化、人口變遷、人們的認知或定義的改變都是創新的機會，工作流程也有可能產生變化。

　　你的周邊有創新的機會嗎？是否有意料之外的成功或失敗？還是變化早已悄悄發生，但你卻忽略了它的存在呢？

創造顧客也是創新

　　1836 年，羅蘭希爾（Rowland Hill）發明了郵政制度。與其說是發明，不如說是創造了郵政制度。在這之前，遞送郵件的費用一律由收件人負擔，費用按照距離和重量決定，整個過程既昂貴又緩慢。即便只是一封信，人們都必須親自到郵局處理。見到此現象，羅蘭希爾提出了均一郵資制度，無論距離長短，費用都一樣，並採取預付制。在羅蘭希爾的改革下，郵資大幅度降低，寄信也變得更加便利。原本寄一封信要一先令（當時勞工的一日薪資），郵政改革後降到了一便士，史上最初的現代郵政系統因而誕生。

　　羅蘭希爾創造了郵政系統的效用，他曾提出「為了讓郵政能確實服務人民，顧客真正需要的是什麼？」的問題。郵政成功改革後，所有人民都能使用郵政系統服務，賣衣服的店家可以郵寄付款通知書給顧客。郵務量四年內成長了兩倍，十年內更暴增了四倍，郵寄費最後調降至幾近免費的價格。郵政改革的創新是創造出了全新的顧客。

　　想要創造出新的顧客，首先要做好基本工。以餐廳為

例，好吃是最基本，也是最重要的。只要東西好吃，客人通常都是不請自來。

　　韓國群山有一間名為李盛堂（이성당）的麵包店，店裡賣的蔬菜麵包和紅豆麵包非常好吃，宅配訂單已排超過一個月以上。另外，還有一間叫做 Ilhaeog（일해옥）的黃豆芽湯飯店，店內一碗 5000 韓圜（約台幣 140 元）的湯飯堪稱藝術，店門口總是大排長龍。這兩間店都有做到最基本的事情，附近居民是他們重要的顧客。孔子說「近者說，遠者來」，附近的人如果開心，遠處的人就會自己找上門來。老闆如果能讓員工感到滿意，員工就能滿足顧客的需求。

　　懂得站在顧客立場的人，才能掌握顧客真正的需求，頂尖的醫生是站在病患立場思考的醫生，一流釣手則懂得海底生物的想法。所以，我們要站在顧客立場思考，了解顧客的真正需求。

　　1884 年，安迅資訊公司(National Cash Register)的約翰・派特森（John H. Patterson）發明了第一台現金收銀機。為了向大家解釋收銀機的優點，他舉辦說明會，並做了各種努力，卻沒有人感興趣。於是他決定改變策略，不再說明使用方式，而是聆聽顧客的煩惱，發現店家最大的煩惱是收銀員順手牽羊的問題。此後，當他介紹產品時，總會強調收銀機可以防止收銀員私吞公款，最終成功行銷，達成今日的成就。

　　成功藏在細節裡，三星醫院就是一個重視細節而成功的案例。當三星醫院如火如荼地進行裝潢工程時，會長李健熙就曾親自巡視工地現場，指出 16 個以顧客中心思考的問題，內容大致如下：門把鎖得太緊，虛弱的病人要怎麼開門？六人房的電視擺設位置不好，最靠近電視的人會看不到，硬要看的話，搞不好會扭到脖子。床架太高了，上床簡直像登山。遇到有怨言的顧客時，要想盡辦法達成他們的需求。比起新顧客，對老顧客要更加用心…等。

　　數十年來，我都訂閱同一家的報紙，卻從來沒有獲得回饋。然而，在我住家附近，總有推銷員以商品禮券和腳踏車引誘新顧客訂報。從我的立場來看，這家報社等於是做出「柵欄裡的動物沒食物吃」的宣傳。各位的公司如何呢？你們是不停吸引新顧客上門，還是不斷趕走老客戶呢？

訂價策略也是創新

　　陶瓷餐具是所有新娘都想要擁有的物品，但價格實在太貴，每個人的喜好也都不一樣。雖然有市場需求，相較之下效用卻不高。美國瓷器製造商藍納克斯（Lenox）看準商機，創造全新的行銷方法。他們利用美國舉辦新娘婚前派對（親朋好友各自認領新娘的禮物願望清單，在婚前舉辦慶祝派對）的習俗，將藍納克斯瓷器加入禮物清單。

　　準新娘決定店鋪後，告知店家自己喜愛的瓷器種類和潛在客戶名單。當顧客上門挑選禮物時，員工會問他們：「您購買禮物的預算是多少呢？如果是這個金額的話，您可以買兩套咖啡杯盤組。不過，新娘已經有咖啡杯了，她現在需要的是甜點盤。」這種作法同時滿足了新娘和送禮的顧客的需求，藍納克斯的銷售量也同步暴增。

　　金吉列（King Gillette）不是第一個發明安全刮鬍刀的人，以前只有少數人有刮鬍子的需求，其中又只有少部分的人會使用刮鬍刀，因為害怕銳利的刀刃，大部分的人都不敢自己在家刮鬍。雖然可以到理髮廳刮鬍，但價格昂貴且要花

很多時間。後來，有人發明了安全刮鬍刀，但銷量都不好，因為一支要價 5 美金，當時一般人的日薪才 1 美金，售價高得嚇人。然而，金吉列把安全刮鬍刀的價格訂在 55 分，不到製造成本的五分之一，不過他導入拋棄式刀片的設計，一片賣 5 分，但成本其實只有 1 分。一片刮鬍刀片大約可以使用 6~7 次，刮一次鬍子不用 1 分錢，花費是理髮廳價格的十分之一。從此之後，刮鬍刀開始普及化。

　　這是發生在 2005 年的故事。吉列推出鋒速三刀片系列（Mach 3）刮鬍刀，成功稱霸先進國家市場後，他們把目標放到了印度市場。印度有四億以上的人口擁有刮鬍的需求，但直到 2008 年，鋒速三的銷售量都沒有長進，80%的印度男性仍選擇價格便宜的雙刀片刮鬍刀。此類的低價刮鬍刀容易刮傷臉部，印度男性因此不愛刮鬍，進而吹起蓄鬍的流行風潮。所以，吉列主打「乾淨俐落刮鬍」的口號，在印度一點用都沒有。

　　這個案例中，訂價和通路策略出了問題。鋒速三與雙層刀片的價差高達 50 倍，讓一般人感到負擔，加上他只與少數的零售商合作販賣，自然也只在富有的都市擁有通路。

　　2008 年，吉列訂下提高市占率至 20%的目標。鋒速三價格降至雙層刀片的 3 倍，為了打進新興市場，吉列研發單一刀片的 Guard 系列產品，並極簡化產品包裝以降低售價，讓小販也成為他們的通路。吉列的行銷活動更成功為銷量注入一劑強心針，自 2009 年起，吉列推出「Shave India

Movement」活動。

　　吉列公開 77%的女性都喜歡男性剃鬍的問卷調查結果，並進行一系列的刮鬍運動。募集兩千名印度男性一同使用鋒速三刮鬍，展開一場刮鬍馬拉松活動。他們也找來印度寶萊塢的電影女星，透過各種方式創造男性如果不刮鬍很懶惰的形象。在一系列活動的催化下，鋒速三銷售量在八周內暴增了 500%，市占率升至 40%，達到口碑行銷效益的頂峰。以下是 2013 年 11 月金信懷（音譯）在〈Money Today〉發表的文章內容。

　　　　「有時候，顧客需求會隱藏在價格因素之下，價格是決定是否要消費的最後關卡。價格昂貴，需求量會遭到限制。價格要訂在多少，才能激起爆發性的需求成長呢？為了符合該價位，我們需要做出哪些努力呢？」

創新賣的是價值

有句話說：「顧客要買的是 1/4 吋的洞，不是 1/4 吋的鑽孔機。」賣東西時，我們必須知道顧客真正想購買的東西。有一間公司專賣建築機具用的潤滑油，目標客群是建築業者。建築公司想要買的是什麼？他們最急迫的需求是什麼？答案是機具可以無故障地順利啟動。

這家公司站在客戶角度思考分析「裝備維修的必要性」，並和客戶簽下一年期的維護方案契約。保證在固定的使用期間，大型機具不會停止運轉。對客戶而言，他們購買的不是潤滑油，而是「工程不會中斷」的服務。

家具公司赫曼米勒（Herman Miller）公司標語是「從產品到系統」，不光賣家具和辦公用品，他們更提供辦公室擺設的諮詢服務，幫助顧客打造高效和舒適的環境動線，並表示：「顧客看起來是買了傢俱，但其實是買了提升業務、士氣和效率的服務。」

在首爾近郊，有一間以國小和國中生為對象設立的綜合補習班，他們的生意非常好。後來，補習班改變經營策略，

把綜合班拆分為英文、國文、數學等科目分別招生。業者一開始認為可以滿足顧客的需求，並提高補習班的營收，但過沒多久，這間補習班倒閉了。這附近的家長並非只把補習班當成學習的場所，他們更把補習班當成了托兒所，希望業者可以幫忙照顧孩子。我們必須改變思考方式，從「公司想賣什麼」到「顧客想買什麼」。

1930 年代，美國通用汽車公司（GM）的凱迪拉克（Cadillac）事業部一度因為銷量不好，面臨倒閉危機。經營團隊換了新的部門長，試圖轉換公司氣氛。新上任的長官問部門員工：「我們的顧客想買什麼？競爭者是誰？」，員工直覺回答：「顧客想買的是車子，競爭者是福特和其他汽車公司。」然而，新上任的部長卻不這麼認為，他表示顧客想買的不是車子，而是品味。競爭者不是汽車公司，而是賣貂皮大衣和鑽戒的業者。

這是一個突破性的想法，徹底改變了公司的經營方向。公司原先著重於提高燃油效率和機器效能，後來轉換方向往高級設計感、高品位和優雅內裝發展，讓凱迪拉克度過倒閉危機。談到創新，與其一昧按照個人想法賣東西，我們應該仔細思考顧客的真正需求。旅館業也是同樣的道理，若單純把旅館定義為住宿業，業者將無法有創新的做法。若能想想顧客對旅館的期待為何，腦袋會浮現各種點子，如：製造回憶、心靈平靜、品味表現…等。

　　用一成不變的方式販賣同樣的商品，卻期望著銷量會變好，這是世界上最愚蠢的做法。創新要從客戶角度出發，我們要不斷問自己，公司的目標客群是誰？客戶需要什麼？是否滿足客戶需求？萬一客戶不滿意，公司要如何改善？不要再問「公司賣什麼？」，而是轉換思考模式，探討「顧客購買的是什麼？」。

使命和成果的創新

　　在某個擁有 5 萬人口的城市中，可以發現一間超豪華的溫泉旅館。此地區盛產紅蔘，當地的許多設施都與紅蔘有關。溫泉旅館的入場費很昂貴，裡面沒什麼人。隨意參觀了內部設施後，我推估至少已投資了數億元。地方政府的經營方式有很多問題，經常可以聽聞投資上百億建造不合理的設施或設備，最後卻面臨破產的狀況。公家機關的經營為人詬病，該如何處理才能改善問題？這並不簡單，杜拉克提出三個論點。

　　第一，公家機關不看實際成效，而是一切以預算為主，根據爭取到的金額評估公務人員的成敗。

　　第二，中間存在太多利害關係人，無法滿足他們的期望就是失敗，更不能讓任何人感到不滿。這是非常困難的一件事，因為等著被服侍的婆婆太多了。

　　第三，公務人員認為自己是在做善事，所以不會考慮生產效率的問題。若想要獲得好的年度考績，必須讓其他人覺得你做了很多事情，至於是否具有經濟效益，對他們來說一點都不重要。

為了讓公家機關創新。

第一，明確訂出機關使命。想達成的目標是什麼？存在的理由是什麼？假設組織消失會發生什麼事？有些組織若能消失，反而對社會有益。

第二，目標要夠實際。比起「讓畸形兒消失」的目標，「降低畸形兒比例」的目標更為實際。

第三，目標應考慮經濟層面，而非道德層面，是否能創造出經濟效益非常重要。

某都市因為輕軌電車的問題，連續好幾天攻占新聞版面。政府官員只關心輕軌電車工程開始動工了沒，卻絲毫不關心未來電車的營運狀況。因為當工程完成時，官員的任期也早已結束，後續問題不會追究到他們頭上。若要求官員負擔輕軌電車的經濟損失，他們在檢討建設必要性時，必會改變評估標準。

所得提高和生活品質變好後，人們不再只為錢工作，進一步會追求成就感、奉獻社會的喜悅和獲得旁人的認同…等精神上的物質。在將來，政府的功能會越來越少，舊時代政府的官僚作風和低效率的辦事方法都會被淘汰，並由各種非營利組織取而代之。

非營利組織的員工背負使命工作，他們的成就感來自於工作。非營利組織不可以把使命崇高當作藉口，合理化效率

不彰的問題。

人們到醫院看病，等了三個小時終於進到診間，但醫生的態度冷漠不禮貌，最後只花 5 分鐘治療病人。

大學教授不考慮人力市場需求，數十年如一日教導相同科目，學生進入職場後，在工作上沒有表現，最後還得再花好幾年的時間重新進修。打著環境保育之名，卻暗地裡私吞公款的非營利組織們……

未來非營利組織將主導社會發展，但非營利組織必須研擬明確的社會使命，雇用符合使命的員工，制定正確策略達成使命，定期檢討組織成效，量化評估組織成敗。針對非營利組織的管理方式，杜拉克說得很明確：「企業要像非營利組織，非營利組織要像企業。」

重新檢視經營理論

　　每個組織都有自己的一套經營理論。1809 年柏林洪堡大學（HU Berlin）的創辦人威廉・馮・洪堡（Wilhelm von Humboldt）、德意志銀行（Deutsche Bank）首任行長喬治・馮・西門子（Georg von Siemens）、三菱（Mitsubishi）、GM、IBM 等成功企業都有其奉行的企業理論。

　　然而，曾經靠著強大理論成功的企業，為何會落入失敗呢？大多數的人認為是組織變得怠慢、自傲和官僚，導致無法正確執行任務。不過，杜拉克從另一個角度看問題，並提出下列主張做為解決方案。

　　成功企業同樣會面臨危機，根源通常不是因為這些公司做不好或做錯事情，大部分公司都做了正確的事情，但卻毫無效果。該如何解釋此現象呢？組織創立賴以為基礎的假設已經與現實脫節，過去曾帶領企業邁向成功的經營理論，如今已失去作用。諾基亞（Nokia）和任天堂（Nintendo）是世界聞名的大企業，但公司經營卻陷入困境，他們態度傲慢嗎？產品開發不用心嗎？沒有解決顧客的不滿嗎？

這些都不是原因，而是時代變化太快，「智慧型手機」帶來出乎意料的改變。

領導組織前進的理論是什麼呢？符合現今的社會潮流嗎？經營理論由組織所處的環境、使命和核心能力的假設所構成。對於環境的假設，決定了組織販賣的商品項目。對於使命的假設，決定了組織重視的結果，從社會和經濟面向提出差異化策略。對於核心能力的假設，為了讓組織保有主導權，決定了資源集中的項目。

為了企業的成功，組織必須重新思考經營理論，並記住四個重點。（一）對於環境、使命和核心能力的假說必須符合現實狀況。（二）上述三個假設必須環環相扣。（三）經營理論必須被組織上下徹底認識和了解。（四）經營理論必須不斷地接受檢討和修正。

近年來，大學面臨了史無前例的經營危機。在環境、使命和核心能力中，環境變化是最大原因。隨著環境改變，沒有一所大學能夠置身事外。由於科技發達，頂尖大學把授課內容上傳至網路空間，只要有心學習就能參與常春藤大學的課程。此外，社會大學、文化中心、民營教育機關等競爭者的出現，成為教育市場的威脅。這些機構深入了解民眾需求，吸引對大學教育感到不滿的顧客。

　　大學開設的管理課程早已是紅海市場，除了因為出生率過低導致學生大幅減少外，終端顧客「公司行號」對大學畢業生的程度感到不滿。社會新鮮人進入公司後，公司還得重新教育人才，造成企業很大的負擔。有的大企業對教育體系感到不滿，於是選擇創辦自己的大學，親自教育人才。想成功經營一所大學，必須按照杜拉克的主張，重新思考經營理論。你的組織狀況如何呢？建議大家重新檢驗並設定符合要件的經營理論。

自我控制的目標管理

你是帶著目標工作嗎？目標是自己設定的，還是他人指派的？朝目標前進時，你是充滿精力，還是有氣無力？知識工作者最大優點是自主性，他們懂得自我控制，目標也是如此。

彼得‧杜拉克是第一位提出目標管理的人，目標由當事人設定和評估，究竟杜拉克所說的目標管理（management by objectives）是什麼？

首先，必須定義企業的整體目標，在投入的努力中，求取各個領域間的平衡。所有目標必須和企業的短期和長期計劃一致，包含員工培訓、成果和態度、社會責任等無形的目標。

確定整體目標後，企業必須執行目標管理。一般的知識工作者不會自動自發追求共同的目標，高度專業人士傾向把工作或功能當成最終目標。

擁有職人精神的專家對組織很重要，所以需要用績效制度來激勵他們，但部門或員工的目標要與企業整體目標一致。為了創造成果，功能性部門不可以偏離公司的整體目

標。不同層級的經理人千萬要記得，每個功能性工作目標都是從整體目標延伸出去的。

目標該由誰決定呢？各部門管理者必須為自己所領導的單位開發及訂定目標。目標管理最大的優點是讓經理人自行設定目標，達到自主管理的效果。未經過當事人同意，他人所給予的目標，因為缺乏主動性通常都不易達成。

目標管理用「自我控制（management by self control）」取代「統制管理（management by domination）」。把決策權下放到基層，論功行賞。換句話說，目標管理由不同層級的主管人員開發、制訂和實行目標，自行衡量績效成果，達到自我控制。

杜拉克所提出的目標管理理論中，「自我控制」這個詞深得我心。自我控制代表人的尊嚴，自願做和受命執行間的差異很大。按照自我意識工作的人，即便事情多也不會覺得辛苦。相反的，若只是單純按照命令工作，即便事情少也會覺得辛苦。然而，組織不斷擴張後，這個理想就會難以實現。

發明 Gore-Tex 的戈爾（Gore）花費許多時間精力在自發性的實驗上，當初他曾提出軟化鐵氟龍（Teflon）做為電纜絕緣體的主意，卻無法說服杜邦公司的高層，最後他索性辭職，創立戈爾公司，打造和杜邦（Dupont）完全不同風格的公司體制。公司名稱是 Gore & Associates，代表著戈爾和

他的同事們。公司沒有老闆，領導者是自然產生的，擁有最
多追隨者的人就是專案主管。雇用新人會參考成員們的意
見。發想出新產品時，不必和主管報告，而是由成員自組團
隊。戈爾公司是把自主管理效用發揮到最大的公司。

　　該如何極大化員工的自我控制程度，一直都是經營管理
的重要課題。公司員工的自主性好嗎？為了提高員工自主
性，公司又做了哪些努力呢？

準備未來的事情：人力資源

經理人必須花費最多的時間處理招募和人力配置的議題上。

如果只願意花五分鐘在招募員工上，

組織將因為這錯誤的人選耗費五千個小時的資源。

組織中最難做的決定是招募、解雇、升遷…等，所有與人有關的事情。

偉大企業的重要核心能力之一是具備選拔優良人才的能力。

搞定人事就萬事 OK

　　人事很重要，人事決策的結果反映經理人的價值觀。收購一家企業必會引起各種騷動，但對公司內部來說，高層主管的人事任命結果最容易引起軒然大波。人選安排適當，基層員工會覺得「這個人非常有資格擔任經理人職務，只有他能掌控急速成長的事業體。」反之，若是靠政治手段的人坐上大位，所有人都會想著「恩，現在我知道了，如果想要在這間公司有前途的話……」

　　公司講求政治手段一事會讓員工失望，一派人乾脆離開公司，另一派人則成為公司內的政治家。

　　組織當中有人升遷或獲得好待遇時，其他成員自然會仿效這個人的做法。萬一是個沒有任何業績的馬屁精或愛搞小手段的人升遷，組織很快就會充斥著這類型的人。經理人若未盡全力公平安排人事，對組織會造成難以想像的傷害，粉碎成員對組織的敬畏之心。

　　某組織遇到了停電事故，然而卻沒有一個負責人是電力專家，這事一度鬧得沸沸揚揚，並令人感到毛骨悚然。對企業和國家來說，不適任者擔任重要職位是最可怕的危機。對

不適任者來說也是一場悲劇，穿著不合身衣服該有多辛苦？在他底下做事的人又有多辛苦？真正優秀的經理人是善於處理人事決策的高手。

CEO 所做的決策中，最重要的就是人事安排。無論是願景、戰略、行銷、技術開發……等，CEO 都需要做出最終決策，而這一切最終都與人有關。招募適當人選擺放在適合的職位，每個人扮演好自己的角色。對公司來講，人事是最重要的問題，我們必須再三強調。

人事決策的後果會反應在成果上。彼得・杜拉克曾說過，一個上任三個月的新官如果沒有任何表現，代表人事決策錯誤。人事決策會反映高層主管的想法，因此必須謹慎看待。員工由此判斷主管的喜好，得知何種人物會受到高層的重用，員工待遇同樣反映出高層主管內心的想法和價值觀。

比起言語，價值觀更容易反映在行動上。高階主管的行動和決策一直都是人們關注的焦點，而人事決策最直接影響到員工。員工的想法和行動會對企業的未來帶來直接影響，所以我們才會說搞定人事就萬事 OK。

公正的評估帶來成果

　　有一間碗豆罐頭製造商深受蟲害所苦，因此決定把除蟲作業作為獎勵制度的基準，按照員工抓到的害蟲數量發放獎金。獎勵制度施行後，抓到的害蟲數量的確上升了，但卻有部分員工帶蟲子上班，趁作業期間把蟲黏在碗豆上再摘除，這就是錯誤的評比制度造成的後果。

　　越戰時期，當時的美國國防部長的麥納馬拉（McNamara）宣布，將軍的年度績效按照射殺越共的總人數評估。那一年，各部隊上報的人數超過越南總人口數。這兩個例子都告訴了我們，設計評比制度相當困難。

　　杜拉克曾說：「我們無法改變一個人，只有績效評估能做到這件事。」一個認真工作，一個吊兒啷噹，兩名員工待遇一樣的話，認真工作的員工當然會感到不滿。一個工作表現卓越，一個表現平平，兩人的評價每年都相同的話，認真工作的那個人反而成了怪人。

　　因此，評比制度非常重要。為了設計出正確的制度，我們必須確認員工和公司追求的方向、人才和要求事項是否一

致。標榜以人為本的公司，就不可以用成果導向做為評估標準，反之亦同。最重要是績效評估制度不可太過複雜，力求單純且訊息明確，同時獲得評估者和被評估者的認同才是優秀的評比制度。評估者不需費力，被評估者能夠理解內容。有些公司光是評估單就長達數十頁，從員工能力、成果、內部評比、外部評比，甚至還有員工品德等項目，光是填寫就不知道要花上幾天，因此很多員工一聽到「評估」兩個字就拼命搖頭。

　　2009 年是浦項鐵人（Pohang Steelers）足球隊最成功的一年，隊伍的踢球風格改變了，不再浪費心思在壞事上。即使比賽占上風，球員仍面不改色，不著急也不放棄。當敵隊犯規時，球員連瞧都不瞧一眼，馬上回到自己的位置，球不回傳後方。鐵人精神的核心思想是降低犯規率、禁止對評審抗議和領先也堅持攻擊。取消過去的贏球獎金制度，改成按照選手上場時間和比賽態度發放獎勵。不與他人較量長短，而是和過去的自己比較。三大核心內容是領先也保持攻擊，尊重評審和開心踢足球。
　　獎勵制度和評估制度息息相關。比起得分球員和助攻球員，球隊優待遵守浦項鐵人精神的球員。取消贏球獎金制度，改成浦項鐵人精神制度，按照上場時間、犯規率、比賽態度作為評估標準。滿分共 100 分，上場時間佔 30 分，比賽態度佔 30 分，場內表現佔 40 分。無關比賽結果，只要這

三項得高分就可以領取獎金。球員為了減少停球時間，不會蓄意拖延比賽。當比賽占上風，教練喊換人時，場上球員也會快速離場。浦項鐵人球隊適合認真型球員，不適合勝負欲過剩的球員，也不適合愛向評審抗議或粗暴球風的球員。無論比賽輸贏，所有隊員都使盡全力在球場上奔跑。

公司業績一直不好嗎？或許是公司的評估制度出問題。沒有貢獻的員工能在公司生存，做出貢獻的員工卻沒得到該有的待遇。你的組織績效評估制度如何呢？員工滿意嗎？還是大家都心生怨言？什麼樣的評估制度才算公正呢？

人才招募是企業管理的命脈

我們能夠改變伴侶的個性嗎？這是不可能的事情。在職場上，你花費最多心力在什麼事情上？大概是幫不適任的同事擦屁股，收拾他們因失誤而捅出的簍子。和豬隊友一起工作，還不如自己處理比較輕鬆。人不會輕易改變，投入大量精神的話，朽木當然可雕，但與投入的時間相比，效益太低。若想成為一位傑出的經理人，首先必須認清這個事實。

經理人花在管理人員和做人事決策的時間，比其他任何事情都還多。如果只願意花五分鐘在招募員工上，組織將因為這錯誤的人選耗費五千個小時的資源。在組織裡，最困難的決策莫過於招募、解雇和升遷等人事問題。雖然人事決策較少受到關注，但卻是影響最大且難以回復的決策。想成為一名偉大的 CEO，必須擁有優秀的人事決策能力。

為了做出有效的人事決策，可遵循五個重要的步驟。

第一，仔細思考任務內容。

第二，檢視多個潛在合適人選。

第三，仔細思考如何活用候選者的優勢。

第四，找幾個曾與候選人一起共事的人討論。

第五，確保新人了解自己的工作。

舉例來說，新人上任三個月後，高階主管必須要求他寫下自己是如何看待「新職位的角色」。新人承接新職務時，高層必須訂下明確的期望成果和要求事項，許多就是因為沒想清楚而發生問題，新工作必須配合新的做事方法。留意組織是否有「寡婦製造機（widowmaker）」的職位存在，美國商業銀行國際副總裁一職就成為寡婦製造機，無論誰上任都以失敗收場。如果公司存在這樣的職位，負責決策的高層主管必須立刻裁撤這個職位。

韓式藤球（Jokgu）比賽中，一隊由 4~5 人組成，通常隊裡總有一個被稱為黑洞的人。萬一隊上有黑洞成員會發生什麼事呢？敵隊會集中攻擊這個弱點，如同對方的期待，該成員會不斷被攻破失分。少了這個成員或許還比較好，雖然其中一個隊員得做兩人份的工作，因而變得更忙更辛苦，但大家只要認真比賽就好。如果黑洞成員一直待在場上，其他人無法頂替他的位置。

組織生活中，同樣也存在著黑洞。老是同一個人出錯，少了他團隊表現會更好。經營管理就是招募雇用，策略的本質也是雇用。比起決定選擇何種策略，決定由誰執行策略更加重要。即使策略完美無缺，執行者一旦失職，終以失敗收

場。即使策略有些鬆散，只要執行者夠聰明就能成功。因
此，人才招募是企業管理的起點，也是終點。

　　人才招募的重點是「慢慢雇用，快快開除（Hire slow,
fire fast）」，因為我們需要花費很多時間找到對的人，並確
保人才也喜歡公司。你們公司的人才招募制度為何呢？如何
處理不適任者呢？成功招募人才也代表企業的成功。

了解自己才能成功創業

　　湯瑪斯・愛迪生（Thomas Edison）是一名失敗的創業家，他雖然有創立公司、籌措資金和技術開發的本領，卻沒有能力組織公司經營團隊。愛迪生只能算是一名商人，往中堅企業發展的過程中屢屢失敗。

　　若想成為一名成功的創業家，第一，必須懂得聚焦在市場上。新產品或新服務有時無法在原本預期的市場上成功，反而在意料之外的市場奪得佳績。創業者以為自己最了解市場，但傲慢的態度是許多新創公司失敗的原因，拒絕通往成功之路。

　　1905 年，一名德國化學家首次研發出名為奴佛卡因（novicaine）的局部麻醉劑，但沒有外科醫生願意使用，他們依然偏好全身麻醉劑。不過，意料之外的事情發生了，牙科醫生開始使用新研發的局部麻醉劑。這位德國化學家對此現象感到非常不滿，甚至到全國各地警告牙醫不可以使用他的發明。許多研發者討厭產品偏離最初設計的目的，但仔細觀察市場我們會發現，新研發的技術或產品很有可能被使用在完全不相關的用途上。

　　第二，設計現金流和資金計畫。現金流非常重要，我們必須精心管理每日營運所需的現金和擴展事業所需的資金。然而，大部分的人都不熟悉支出、庫存和債權管理，只要其中一項出錯，公司就會倒閉。

　　第三，組織一個專業經理人團隊。如果事業發展順利，創辦人會越來越忙碌，此時千萬不可以什麼都自己來。在安靜的周末午後，創辦人必須好好分析每個員工的專長。列出公司主要業務內容，分別整理出自己和他人擅長的項目。規模較小的新創公司隨著業績成長，有些老闆喜歡像皇帝一樣干涉每一件事，但這卻是通往滅亡的捷徑。不妨試著問自己這些問題，未來事業的重點是什麼？我的強項是什麼？我能夠把這件事情做好嗎？

　　對創業者來說，擅長的事和想做的事有很大區別。面對不擅長的事情，千萬別想強出頭。愛德溫・蘭得（Edwin Land）創立寶麗萊（Polaroid）相機公司，在親自經營管理 15 年後，他把經營權委任給專業經理人團隊，自己則退居幕後，重回基礎研究的職位。創立本田汽車（Honda）的本田宗一郎也很了解自己，他投注心力在汽車開發上，經營一事則交給藤澤（Fujisawa）負責，公司運轉非常成功。福特汽車（Ford）則是相反的例子。詹姆斯・高任思（James Couzens）原本是福特的絕佳拍檔，1 日 5 美金制、先進的流通策略和售後管理等政策，全都是高任思提出的，但福特

全都反對票，兩人最後在 1907 年分道揚鑣。

　　壓垮兩人關係的最後一根稻草是 T 型車，他們的想法完全不同。高任思認為應該要開發新的車型，福特卻堅決反對。高任思退出後，福特忘了自己適合的角色，開始涉入公司的大小事。福特逐步掌權的同時，公司也開始衰敗。他執著於 T 型車長達 10 年，最終因銷量不好才停產。福特公司在當時幾乎要破產，後來靠福特二世才又站穩了腳步。

　　創業者要成功，就要懂得變換角色，並了解自己。不要因為一時的成功而自滿，必須懂得認同他人的功勞。一時的成功並不困難，重要的是該如何維持成功不敗。你的組織如何呢？老闆如同君臨天下一般，事事都要干涉，濫用權力嗎？人才們因為這樣無法繼續待在公司嗎？

大學為何得關門？

　　越來越多大學面臨倒閉的危機，因為出生率下降導致學生數減少，典型的供需失衡現象。然而，這不是唯一的原因。大學畢業生對於大學教育感到不滿，認為學校沒有提供應有的教育內容。大學教育的終端客戶—企業也不滿意，因為學校教育已和市場需求脫節，導致社會新鮮人還得重新接受公司教育。市面上，唯一不用提供售後服務的組織就是大學。杜拉克在 1981 年發表《1990 年的學校》，研究內容相當具洞察力，讓我們來看看他的想法。

　　過去 30 年來，學校有如雨後春筍般的設立，但卻好景不常，因為學校教育相當失敗。學校沒有提供符合實務需求的教學內容，畢業生對母校提出訴訟的案例也逐漸增加。另一方面，若發現選擇的科系不實用，學生會轉到實用的科系。從心理學系到醫學系，社會學系到會計系，黑人文化研究到資訊工程系。

　　人們對傳統教育體制的需求逐漸減少，但對教育的需求卻增加，特別是符合上班族需求的進修教育課程。這些課程

不再由一般大學提供，而是透過私人機構、商業管理協會和政府等管道取得。過去被大學排斥的領域，讓其他組織有了成長的機會。社會人士希望能學到細分且專業的內容，同時也希望能有整合性的人文學課程。根據學生需求，這些課程開設在平日晚間或周末，把原本一學期的學習份量濃縮在兩周內完成。

成人進修教育要有彈性，並根據每個人量身打造。有些學生要在嚴格的體制下學習，有些學生則要在自由發展的環境才學得好。有人習慣從書本上獲取知識，有人從實際經驗學習，有人則透過有聲書學習。某些學生需要每天派功課給他，有些學生則喜歡自己制定學習計畫。

在過去，教育界都不同意這些方法，主張教育只存在單一方法。學券制（voucher system）的需求逐漸增加，因為學生可以選擇自己喜愛的課程。大學因無法容納多樣的需求，執著於老舊的方式，最終導致體制崩解。

忠清南道政府大樓曾設立在大田市，那裡有大片土地和許多大樓。政府大樓遷往洪城後，這個地方便改建成大田市民大學。大田市民大學不是正規體制下的大學，而是由大田市自行規劃了數百種課程。大部分的課程一個月僅收取一至三萬韓幣（約台幣 300 元~1000 元）的費用，種類也是包羅萬象，從行銷管理類到西班牙語、土耳其語等外語課程，也有毛線針織和陶器製作課程。只要有心，市民們可以學習到各種知識。學員數很多，生意非常好。

　　一邊是一學期學費要幾十萬的正規大學管理學課程，另一邊是市民大學的管理學，兩者的差異有多大呢？學歷在市場上的效用有多少？收取高額學費的正規大學教育，為滿足客戶的需求要做哪些事呢？

　　大學教育近年來鬧得不可開交，因為政府強力要求他們調整組織架構。大學教授的反彈雖大，但光靠反對不能解決問題。我相當好奇大學未來的發展，更好奇大學教授的未來，究竟大學教育該往哪一條路走呢？

虛有其表的大學

「當一個科目變成老套且無用的知識時，它就會變成必修科目。」──這是彼得・杜拉克說過的話。

大學已經和社會嚴重脫節，無論是課程或畢業生。大學畢業的社會新鮮人無法直接上戰場工作，企業必須先花費大筆教育費用，他們才能創造出產值。大學制度是現今韓國社會面臨的大問題，對外貿易賺來的錢全花在留學上，大學教育該如何改變呢？

克萊蒙特大學（Claremont Collage）麻雀雖小五臟俱全，也是彼得・杜拉克任教的學校，我們可以參考這間學校的營運模式。哈佛大學曾數度挖角杜拉克，但都被他拒絕。因為小學校獨有的自由風氣，讓杜拉克堅持留在克萊蒙特大學。克萊蒙特大學以聯盟的型式經營，兼具小學校和大學校的優點。1923 年，波莫納學院（Pomona College）院長詹姆斯布萊斯德爾（James Blaisdell）打造這個教育聯盟時，曾這麼說：

「我想創立的不是一間富麗堂皇的綜合大學，而是如同

牛津學院一樣，公共設施（如：圖書館）大家可以共同使用，但學院間是獨立個體，即一間聯盟式的大學。不僅可以保持各個學院的自我價值，也能享有大型學校的便利性。」

克萊蒙特大學的楷模「牛津大學」有校本部，但書院間各自獨立，大學以聯邦制的型式營運。牛津內各學院的設施和教授都不同，學科和研究風氣也各有特色。不過，培養獨立性、邏輯性和互助性的思考方式是所有書院的基本目標。克萊蒙特大學的學生不僅能專注在研究學問上，也能享有大型綜合學校般的設施服務，並由名為 CUC（Claremont Univ. Consortium）的機構處理大部分的大學行政事務。克萊蒙特聯盟大學是美國境內唯一一家以聯盟方式經營的大學，學生和教授的比例不會超過 10 比 1。

無論個人或組織，一旦身軀變龐大，行動就會變得緩慢，並失去柔軟度，這是可想而知的結果。大學和政府機關效率低落，正是組織龐大造成的現象。

以 Gore-tex 出名的戈爾公司，創辦人比爾是杜邦公司出身的員工。他因為討厭杜邦公司官僚且緩慢的作風，於是自行創立了一間作風完全相反的公司。這間公司的員工不超過 200 名，因為比爾認為一旦超過，公司會變成和當初創立宗旨相反的官僚組織。公司沒有階級制度，而是網格狀制度，像鬆餅一樣的扁平組織。沒有管理階層，也沒有組織架構圖。團隊成員沒有職位頭銜，更沒有老闆。員工懂得自我管

理，所有人的共同目標是「快樂的工作並賺錢」。

　　比爾戈爾（Bill Gore）把杜邦公司的經驗當成借鏡，規劃出網格狀組織管理。團隊成員自行選出領導者，擁有管理權的成員必須發揮自我影響力，引領團隊完成任務目標。

　　戈爾公司把團隊成功當成目標，個人只要持續創造出成果，就會有更多成員成為追隨者。「當有新構想時，成員可直接召開會議，只要有人願意追隨他，他就是領導者。」如果不斷被大家要求成為團隊組長，該名員工可自行在名片上加入組長的職銜，此類領導者約占公司百分之十的名額，泰瑞凱莉（Terri Kelly）就是經過這些流程，最終成為公司的CEO。

　　現在大學所面臨的狀況有部分是結構性問題，組織過於龐大導致決策時間太冗長。是否有機會透過組織再造，變成像克萊蒙特大學一樣的聯盟大學？共享圖書館、行政事務、體育館、校名等資源，每個學院則成為各自獨立的個體戶。

大學創新要讀懂市場需求

大學教育組織若想交出漂亮成績單，不可以像過去一樣按照專業分科系，而是要按照市場需求重組。人們之所以需要接受大學教育，主要是想在各自專業的領域中蒐集資訊，並學習把資訊套用到具體事物上的能力。大學必須教導學生這些能力，學習知識不再只是為了知識本身，而是要套用到各種行為上，這是判斷知識價值的標準。接受教育的人可以脫離貧窮，因為他們擁有名為知識的武器，更是名符其實的資本家。知識為人類帶來權力，權力也伴隨著責任。

擁有各種知識不代表具有智慧。知識永遠都伴隨權力，權力則有道德問題。因此，擁有知識的人必須懂得自我管理，預防並解決問題，社會很難預先做好防護措施。擁有權力的集團必須為自己的道德負責，如果做不到，將成為一個腐敗的集團。

大學數量過多是問題，科系的分類方式也是問題。大學科系早已和市場需求脫節許久，杜拉克曾精闢地指出，大學

科系不可從專業分類，而必須根據市場需求改變，目前也有幾所大學進行試驗。除此之外，更重要的是知識份子的責任感。在過去，知識份子利用所學為自己賺進財富和名譽。現在是時候思考該負什麼責任，這不只是為了自己，而是要為貢獻社會而學習，因為知識永遠伴隨著責任。

> 「今年 2 月，朴某順利從延世大學情報產業工程學系畢業，並進入現代汽車公司工作。他的資歷很普通，大學曾參加合唱團活動和到美國交換學生 1 年，也沒有實習的經驗，但他卻同時被三星電子、現代汽車、現代重工和斗山重工錄取，最後他選擇現代汽車。然而，某位擁有比朴某更優秀資歷的文科畢業生，投了 40~50 家公司的職缺依然找不到工作。這就是大學現在所面臨的問題，畢業生的學歷與公司需求不符。」

這是 2014 年 3 月 14 日〈中央日報〉的頭版新聞。就業困難雖然和職缺數有關係，但核心問題在於職缺需求和大學畢業生的學歷差距太大。我念高中的時候，12 個班有 9 個班都是理工科，其他學校也都是差不多的情形，因為文科生畢業後的工作機會很少。金融危機後，狀況反了過來，理工科人才縮減剩下不到 30%。大學教育完全不考慮未來出路，只是不斷製造出與職場需求不符合的人才。

　　大學是什麼？應該以何種標準評斷一所大學？我們有很多方式可以評估，其中一項是畢業生的品質和就業狀況。唯有產出符合市場需求的人才，大學才算是成功。回頭看看會發現，現在的大學依然不斷產出與市場需求脫節的人才。有人曾開玩笑說，比起在德國當地攻讀德國文學的學生，在韓國攻讀德文文學的人反而更多，這個玩笑有一半是真話。

　　一間公司不斷生產賣不掉的商品，最後就會面臨倒閉。大學不斷產出與市場需求不符合的畢業生，造成失業率攀升，我們應該指責這樣的學校。經營管理的基本是顧客，有了顧客以後，滿足顧客需求，組織才得以生存。現在，大學教育必須做出選擇。

一日為教授，終身為教授嗎？

　　韓國社會有句話，一日的海軍陸戰隊，終身的海軍陸戰隊。大學教授也是類似的狀況，當上教授後，大部分的人都不會主動離職。杜拉克教授曾對大學提出嚴重的警告，他1979 年撰寫的論文〈雇用過多大學教授〉中，可以得知他對大學教授的看法。

　　10 年後，大學教授一職可能會消失在世界上。除了新生數量和收入減少外，教職終身制度會加快這個問題的嚴重性。如果無法解決學生和收入減少的問題，大學只有三條路可以選擇。

　　一，大學全體員工包括 45~50 歲的優質教授，所有人的薪水都會減少。在政治壓迫和工會壓力下，問題不會這麼快發生，但絕對是不可逆的趨勢。社會大眾不會同情教授的遭遇，因為他們不覺得教授有資格過安逸的日子。

　　二，縮減或關閉部分科系和學院。以美術系為例，三到四名教授就能教導所有的學生。假設系上有九名的終身職教授，解決問題的唯一方法是廢系。教授如果以違反終身職契

約一事告上法院，如果最後判定學校必須保障教授的權利，這間大學就只能關門大吉。

三，以 3 年、3 年、5 年、5 年為區間簽訂工作契約，如果大學確定不再和教授續約，教授有 1 年的緩衝期去找其他工作。為了能和學校續約，教授不再只顧著做研究，也會努力在其他領域獲得卓越成就和尊重。如同一般社會人士，教授要持續進修，積極參加同學會擴展人脈。經過五至六次的成功續約後，教授才會轉為終身職。

我們該如何打破這個僵局？目前有兩個市場具備成長的機會。一個是以高中肄業的社會人士為對象，提供技職專門或一般的終生教育課程；另一個則是扮演各地區社區大學的角色。然而，我們會面臨年輕教授無法把握這些機會的問題，因為他們不具資格。大多的教授不懂教育社會人士的方法，所以無法提供終身教育。狹隘又無趣的授課內容無法滿足社會大眾，為了符合社區大學的需求，課程內容要連結實務經驗運用到生活上，並具備向學員學習的能力。

我難以相信這篇論文是那麼久以前寫的，杜拉克宛如預言家，精準預測了大學未來。1997 年爆發金融危機後，韓國上班族瞬間驚醒，那些以為能工作一輩子的職場不存在了，一夕之間無數人流落街頭，這才發現一切都是夢一場。

　　我在 1998 年離開大企業，親身經歷了經濟不景氣下的銳利冷風。在那之後，韓國無論是個人或組織都以驚人的速度成長。跳脫韓國市場，進攻海外市場，與世界各地的強敵相互廝殺，越來越多的商品和企業成為世界第一，如：半導體、智慧型手機、電視、造船……等。然而，政府機關和大學卻是例外。如今這些大學面臨危機，與杜拉克當初預言的現象一模一樣。

教授必須改變，大學才得以生存

　　以 40 歲的大學教授為例，他們人生 20 多年的光陰都在學校度過，從沒在其他環境工作過。大部分的教授投注全部精力在實驗和論文上，但只有少部分成為具生產力的人才。在歷史學、人類學和冶金學等領域，只有少數幾人具代表性，其他教授對研究領域感到乏味，於是紛紛隱退。他們雖然知道自己該做什麼，但卻再也不會感到興奮。對這些人而言，他們需要的是挑戰和體驗，並想辦法轉換到新領域。

　　中年教授距離職業倦怠還很遠，大多是因為一成不變而覺得無聊。這些有能力的教授需要的是新刺激，如：全新的挑戰、環境或事物等。透過這些機會，他們可以再度提升自我能力。

　　現在大學施行的教授聘用和獎勵制度有問題，只會帶來專業化和孤立化的結果。過去這樣做或許正確，如今則行不通。為了不被時代潮流淹沒和符合市場需求，我們必須改變教授聘用、教育和評價的方法。大學教授要跟著體制成長，不斷進修符合市場需求的新知。不侷限年輕學者鑽研特定學

問，多多給予挑戰新事物的機會，更要提供教學授課的學習機會。高等教育的優點在於多元、獨特和具體，為了開發一套系統性的人才計畫，必須同時滿足各個教授的強項和期待值，以及人民對教育的需求。

此外，大學教授也必須被淘汰替換。一般公司早就知道淘汰不適任員工的重要性，適應有困難或無法達成自己任務的員工必須離開公司。大學教授的圈子卻拒絕這樣的制度，律師、會計師和顧問等職業，若在 35 歲無法當上合夥人就必須離開公司，由其他人填補空缺，因為代表他們無法滿足客戶需求或不具備吸引客戶的能力。10 年後，這些人的能力會再被審視一次，若無法順利晉升為資深合夥人，同樣代表這群人對公司沒有價值必須撤換。大學教授需要的就是這種制度。

杜拉克過去撰寫的論文踩到大學教授的痛點，主旨是提倡廢除教授終身制，教授表現納入評比，不合格者離開學校，由新教授填補空缺。如此一來，教授和大學才能共生共存。杜拉克的論點都正確，但教授卻非常討厭這些說法。在韓國，若有人敢提出這番言論，必將引起群體公憤遭到圍剿，因為這和大學教授選擇這份職業的初衷背道而馳。教授花費大半輩子的時間在學術上，靠著微薄薪水度日，唯一支撐他們的理由就是這個鐵飯碗。如今要他們放棄這唯一的好處，教授們怎麼可能坐以待斃。

不過，我實在無法不同意杜拉克的觀點。流水不腐，戶樞不蠹。按照現在的制度，教授和大學未來能否生存都是個問號。大學是一個龐大的組織，創造出非常多的工作機會。過去行得通的方法，未來可能是死路一條。

面對急遽變化的市場，大學必須改革，教授扮演的角色和能力也要改變，積極參與各種活動，提升知識水平。時間所剩不多，各位要這樣邁向死亡，還是做出改變呢？教授們，該你們回答問題了。

找回學校的「效率」

教育生產力低落正是教育者沒有盡責的證據，用研究經費不足當藉口無法撇清責任。教育者必須為教育品質負起責任，這份責任不允許被轉嫁到成績不好的學生身上。如果學生學習狀況不佳，並非學生的失敗，而是學校教育的失敗。如果學生沒有欲望學習，學校必須感到羞恥，更是教育者造成的錯誤。

知識社會中，學校應該具備哪些功能？（一）提供高水平的基礎教育給所有人。（二）喚醒人們的學習欲望，讓大家認知終身學習的必要性。（三）永遠敞開大門迎接無法接受教育的人。（四）同時提供與內容相關的知識和方法。（五）和其他機構組成建教合作系統，教育必須融入社會，而不再專屬於學校，所有的雇用機構都能學習和教導知識。（六）教師要賦予學生學習動機，協助設定學習方向和給予勇氣，教師要成為學生的領導者和人生顧問。學校的競爭對手不再侷限於其他學校，民間的教育機構同樣是競爭者。

當知識成為社會的重要資源後，學校有兩個社會功能。一、是知識的生產者，二、是知識流通者。學校要教什麼？

學生要學什麼？學校要怎麼教？學生要怎麼學？哪些人要接受學校教育？學校的社會地位又是什麼？

隨著時代的演進，學校扮演的角色也產生變化。在文盲時代，學校扮演教育先驅的角色，《常綠樹》①中的啟蒙主義者全都是老師。就業困難的時代，高級人才大多聚集在學校，最終成為大學教授。

在過去，師範大學的競爭最為激烈，現在則不然。高級人才往法律系、商學系和醫學系集中，師範大學依舊熱門，但已經不是頂尖人才的首選，大多是追求生活安定的人會選擇。杜拉克認為學校必須同時兼具知識生產和流通的功能，各位的想法如何呢？

現在的學校無論是生產者或流通者的地位都飽受威脅。教育的本質是從高處流往低處，如果想要當老師，首先要付出無數的努力。大學不是為了服務只想取得學歷的人，而是為了服務真正想學習知識的人。按照現行的制度，成為老師雖然很困難，但只要取得教職，直到退休都不需接受績效評估。現存的教師評比有名無實，無論表現好或壞，教師受到的待遇都相同。這也難怪教育界的發展非常緩慢，因為教育界就像個與世無爭的樂土。沒有競爭，沒有評比，沒有淘汰。為了找回學校過去的地位，我們必須用「效率」和「效能」設立標竿。

---

1. 韓國文學家沈熏於 1930 年代發表的長篇小說作品。

所謂的上司

　　有句話說，選工作是看公司，決定離職是看上司。在職場上，上司具有非常大的影響力。員工能和上司處得好，通常職場滿意度都很高。以下是杜拉克教授認為與主管相處時的先決條件。

　　第一，上司不是天才，也不是惡魔，他跟部屬一樣都是凡人。部屬要記住這點，並按照常理行動。需要道謝時，不吝於表達感謝。需要激勵對方時，則大方鼓勵。部屬能夠順利升遷，部分是上司的努力，所以千萬不可認為理所當然。部屬表達感謝之意時，沒有上司會感到不愉快，反而是沒有得到預期回應時，上司會覺得失落。請永遠記得一件事，上司和你我一樣都是平凡人。

　　第二，不要以為上司永遠可以體諒部屬心情，這不是件容易的事，他們光是處理手邊的事就忙得焦頭爛額。不要對上司有過度的期待。上司和各位一樣，腦子被各種擔心和費心之事佔據。為什麼上司不願抽出時間與我交談？請丟掉這純真的想法。

　　第三，千萬不要看輕上司，部屬可以高估他的實力，頂多最後感到失望。但，如果部屬低估他的實力，就很有可能遭到報復。

　　第四，別浪費時間改造上司。江山易改，本性難移。如果有部屬成功改造主管，請介紹給我認識。如果有老公成功改變老婆的習慣，也請介紹給我認識。

　　期待越高，失望越大。我們通常是因為認知錯誤才會對上司感到失望，不要對上司有過度期待。上司是誰？千萬不要忘記上司是人，跟你我一樣的凡人，和他們相處適用所有一般人際關係的原則。你會覺得失落的事，他也一樣失落；你喜歡的事，他也一樣喜歡。部屬要懂得在小事上適時表達感謝之意，上司請客、升遷、分享佳節禮盒、說句「辛苦了」或寫張小紙條……等，以上都不是因為身為上司就必須做的，也不是身為部屬就理應得到的待遇。

　　我們對上司一直有著奇怪的刻板印象。其他人對我好時，我們覺得感恩。上司對我好時，我們卻覺得理所當然。絕對不可以這麼想，我們反而要更加感謝上司。人際關係的基本是施與得，有施卻沒有得，關係不會長久。有得卻沒有施，這段關係也不健康。上司與部屬的關係也適用這個道理，覺得感謝就要說出來。如果沒有做到，無論是誰都會感到失落。

　　上司的身分很多時候會被逆向歧視，對部屬好，卻從沒聽過一句謝謝。只要是人都渴望獲得認同，上司和你我都是一樣的心情。「謝謝您昨天請我吃晚餐，能和您這樣的上司一起工作，豐富了我的人生歷練，未來我也想成為像您一樣的上司。」試著說說這類的話，不僅可以改變上班氣氛，也能提升職場的生活品質。

管理上司的方法

　　為了販售商品，我們會分析顧客。為了管理部屬，我們會觀察員工。奇怪的是，沒有人研究上司。若不懂得向上管理，一個組織很難成功。以下是杜拉克教授提出管理上司的方法。

　　第一，了解上司的類型。為了有效管理，必須了解每個人的個性。急性子的上司喜歡員工快速且即時的報告。面對這種上司，遲交報告等同犯大忌。有的上司喜歡簡潔明瞭，千萬不要短話長說。羅斯福和杜魯門習慣聽取口頭報告，而不是閱讀文字報告。甘迺迪和艾森豪則相反，他們喜歡用閱讀的方式。你的上司是哪種類型的人呢？

　　第二，了解上司的地雷。如同希臘第一勇士阿基里斯唯一的弱點是腳踝，每個人都有感到自卑的地方，千萬不要碰觸，最好裝作不知道。萬一踩到對方的地雷，沒有人知道會有何種後果。你的上司有什麼罩門呢？

　　第三，不要背地談論上司。提到任何與上司有關的事都要小心，記住隔牆有耳。在背地裡咬上司舌根，若直接或間

接傳入上司耳中，你覺得他們會怎麼想？

第四，絕不要讓上司吃驚。部屬正在處理的、想要做的、打算做的，這些都要事先和上司報告。如此一來，上司和部屬間才不會產生誤會，進而造成致命的錯誤。部屬察覺到丁點異狀時，記得即時向上司報告，若等到暴風雨來襲才說，一切就太遲了，但也不是叫你一年 365 天都發出警報。

第五，先獲取信任，再提出建言。即使是相同的建議，上司也會看人決定要不要採納。如果雙方沒有信賴關係，儘管提出極具建設性的意見，上司也不會接納部屬意見。

第六，和上司保持完美距離，不要靠太近，也不要離太遠。奧地利俗諺中「等到皇上呼喚兩次後才靠上前去」，這句話告訴我們不要和上司過於親近。尊重上司的時間，因為他們也是大忙人。

第七，徹底準備。向上管理時，我們要投資十倍的時間，向下管理時，我們則投資兩倍的時間。

金社長是 KOSDAQ 企業的老闆，了解管理的重要性後，找了大企業出身的朴專務加入公司。朴專務對每一件事都持悲觀看法，並不時拿前公司做比較，更大肆批評金社長的公司，如：上下班時間亂七八糟、員工沒制度、沒有經營策略、想到什麼做什麼、所有的事情社長一個人決定…等，朴專務對所有的事情都不滿意。

　　金社長為了整頓公司才請朴專務來，但他卻從頭到尾都在批評，因此大部分的員工都不願與他合作，最後朴專務只好離開公司。向上管理的重點是獲取上司信賴，部屬要開啟雷達，避免踩到上司的地雷，並針對他們可能會提出的所有問題做好萬全準備。你得到主管的信賴了嗎？

離開上司的時機

　　不管我們多認真研究和觀察，有些上司依然難以管理，讓人束手無策。若遇到這種情形，我們要離開這位上司。如果沒有在適當的時機離開，不僅浪費時間，最後可能同流合污。那麼，我們不應該跟隨哪種上司呢？

　　第一種，離開為人不清廉的上司。繼續待在這種人底下，一旦習慣了他的做事方式，你將一步步踏進災難中。最初覺得違背良心而不敢做的事，經過一段時間卻變成無傷大雅的小事。接著，因為道德感鈍化，不知道自己違反了法律，最後很有可能吃上牢飯。這是非常危險的事情，如果遇到這種上司，一定要果斷地提出辭呈。

　　第二種，離開無能的上司。部屬應該從上司身上學到東西，但若是無能的上司，我們只會學到不要成為他那種人。如果無法從上司身上學到東西就離開他，但千萬別低估上司的能力。越無能的人越會察言觀色，總能發覺有誰不把他放在眼裡，並想盡辦法報復藐視他的人。

　　第三種，遇見能力太好的上司也要看好時機離開他。在

優秀的上司手下工作，我們可以學到很多東西，但由於上司的光芒太鋒利，部屬反而失去了表現的機會，永遠只能當一名助手。大樹底下不長草，一般人在強者前總會失去光芒。

　　部屬與上司間的矛盾是所有上班族迫切想解決的問題。選擇離職的人當中，百分之七十是因為無法解決與上司相處的問題。扣除與家人相處的時間，人生有大半的時間待在公司，部屬和上司間的關係會影響職場生活的品質。我們很難區分主管的好壞，有些人以前被當成壞上司，但經過一段時間後，他卻有可能變成你心中的好上司，反之亦然。

　　在我的經驗中，我算是遇到不少壞上司。有的沒有領導能力，有的出口成「髒」，有的公私不分總要求部屬幫忙處理自己的私事。我也不能每次遇到就提離職，於是我這麼安慰自己：「如果能在這種上司底下生存，未來不管我遇到什麼樣的人，我都能和他保持良好關係。」

　　那位公私不分的主管曾要求我代筆寫社報的文章，這要求不合理，但也讓我有機會挑戰寫作，最後成為一位作家。當初他若沒有提出這無理的要求，我的寫作天份將被埋沒。為了滿足主管的高度期待，部屬只能提升自己的工作能力。

　　無論如何，最重要的是定義出自己認為的好上司條件。對我來說，我認為好的上級主管應該是「具備高水準的工作能力，讓部屬擁有新的機會，不斷給予意見回饋和良性的刺激，擁有值得部屬學習的優點」。

關於部屬該如何看待上司，最危險的狀況是期待能遇見完美無缺的上司，期待他像聖人君子一樣的人性化、工作能力強、人品好且個性也好。世界上不存在這樣的人，你不是，你的上司也不是。我想告訴大家，不要一心期待主管為你做事，而要思考自己能為主管做什麼。

把工作視為財產權

從歷史來看，財產可分為三大類，一是不動產，如土地或建築物。二是動產，如現金、裝備或個人物品。三是無形資產，如著作權或專利特許權。接著，工作被視為人的第四種財產。

在日本政府或大企業的男性上班族，大多享有終身職的福利。公司面臨破產危機時，第一個需要處理的是員工。歐洲的公司無法隨意解雇員工，若要資遣員工，首先要支付一筆補償費用。在西班牙和比利時，這筆費用有時和勞工工作一輩子所賺的總額相同。美國的平等雇用法案中，囊括了少數民族、女性、身心障礙人士、老人、晉升機會、教育、職業安全性、權力問題等內容。

如果沒有正當理由，公司無法輕易要求員工離開。如果把員工資遣，公司有時得負起介紹工作的責任。工作已逐漸被視為個人財產權。

歷史上有很多例子證明，土地的所有具備僵硬性和流動危險性。比利時的公司遇到組織調整時，相關的補償措施可

預防員工遭到解雇，但最後卻導致公司只願意聘請少量的員工。這個結果與初衷不同，員工必須更努力才能達到高標準的業績目標。當日本想從勞力密集產業轉型到知識密集產業時，終身職反而成了絆腳石。

如何才能伸縮自如適應全新的改變呢？雇主要了解工作具有財產權的特性，沒有經過正當程序不能隨便解雇員工。雇用、解雇、升遷等都需具備預測性和客觀性，沒有按照流程會受到批判指責。公司若要解雇年紀大不適任的員工，同樣要訂定符合全體員工的客觀系統考核標準。公司不能無償解雇員工，若要進行組織調整，公司就要負起相關責任。對於可能被解雇的對象在職訓練的機會，評估是否可以安排到其他職位上。

招募人才雖然困難，但解雇員工更是棘手。原先為了保護員工而設計的制度，導致企業招募人才時變得更加刁鑽，人事聘用失去了彈性。站在員工的立場來看，因為找工作困難，所以都會盡量待在組織中。現今的社會比起發展和變化，人們更想要追求安定。

把工作視為財產權，杜拉克教授的論點相當新穎且具衝擊性。我們不曾這麼想，仔細思考卻又覺得「好像真是這麼回事」。無論對或錯，我們生活的世界的確如此運轉著。

　　不是只有北韓才有世襲制度，幾乎所有的大企業或中小企業都是世襲制度。大企業老闆把位置傳給自己的兒子，爸爸在大企業上班的話，子女通常都會進到同一家公司工作，某些大企業工會甚至要求公司幫員工的子女加分。我先不討論該怎麼解決這個問題，而是希望大家能理解，用智慧面對現實。

重新裝上輪胎

人類越來越長壽，退休年齡卻逐漸提前。大企業規定的退休年齡平均介於 55~58 歲，金融機構和部分研究機關是 60 歲，教授和老師等教職是 65 歲。在最具能力的年紀離開工作崗位，對當事人和家族而言都是個悲劇。此外，具備社會扶養義務的政府來說，這群人也成了一大問題。

杜拉克教授 1997 年發表的論文中，曾對退休議題提出有趣的見解。1910 年，65 歲以上的人口有三分之二都還在工作。美國的退休年齡是 65 歲，65 歲強制退休制度等於宣告死亡，政府應該盡速消除這個限制。德國首相俾斯麥在一百年前創立了此制度，隨著第一次世界大戰傳入各國，而現今社會卻要求勞工在 65 歲退休，這無非是個錯誤。

一開始，此制度是為了保障退休老人的生活，年紀大的老人若能正常工作，他們就不在保障的範圍內。過去的 65 歲等於現在的 75 歲，現行的退休制度，讓身體健康且活力充沛的人們變得一無是處。有些人不願服從，也有些人成功保住工作。65 歲以上占總人口數的百分之十，並占勞動人

口的百分之二十。

　　提早退休對社會福利制度帶來很大的負擔。退休制度在1935 年首次亮相，當時 65 歲以上的人裡，10 名有 9 名是勞動人口。1977 年，比例降為 4 名中有 3 名。1980 年，降至2.5 名中有 1 名。如果繼續死守 65 歲要退休，超過 40%的勞保年金必須用在退休老人上。二十世紀結束前，比例已提高至 50%。

　　若要改變或廢止法定退休年齡，必須從政治與經濟面下手，改變的同時會造成其他問題。如果不能以理性的角度處理，整體經濟將面臨巨大的負擔。首先，雇用員工的自由度將降低，甚至引起嚴重的勞工問題。即便延後法定退休年齡，依然無法拯救現存的社會福利制度，只能防止情況變得更糟。勞動人口和依靠年金生存的人口比例必須維持在 3 比1，甚至是回到 10 年前 2.5 比 1 的比例。

　　退休議題牽扯太多複雜的變數，我們難以高談闊論。高齡勞工持續工作不退休，青年就業也成問題，如果像現在一樣早早退休，勞工的負擔則太大，未來一名青年可能必須扶養兩名老人。

　　退休議題可以從兩個面向探討，一是制度層面，二是個人層面。國家福利制度再好，我們都要自己決定是否要退休以及退休生活。每個人想要的不一樣，疲於奔命的人，退休後就要好好休息，不要再管事。想要嘗試新鮮事物的人，可

以趁機體驗新的人生，從中獲得喜悅。然而，雖然不想工作，卻還沒準備好退休生活的人則得認命工作。

雖然每個人都不一樣，但大家都面臨相同的問題，必須思考退休後打算靠什麼過日子，一切都要提早準備。無論是保持身體健康，為未來學習新知或廣結人脈，我們都要從現在開始規劃。最重要的是，我們要重新定義退休兩個字。我很喜歡 retire 這個英文單字，可以分解為重新（re）裝上輪胎（tire）兩個字。各位，你們裝上了怎樣的輪胎呢？該不會想用雪胎迎接春天吧？

退休議題沒有正解

　　要不要廢除法定退休年齡？這不是簡單的議題。有些人想要早點退休，有些人則拒絕退休，兩者間必須達到平衡。我們要思考以下問題，延後退休的人能得到哪些福利？工作年資能夠繼續累積嗎？要像日本的制度一樣，過了法定退休年齡仍可以擁有臨時工作機會嗎？日本的情況中，這些人無法升遷，也無法獲得權力。在沒有任何福利保障的狀況下，他們還願意工作嗎？

　　很多人一心想要退休，因為他們期待擁有時間自由。工作固然重要，但許多人經常抱怨被職場綁住，無法隨心所欲活動。面對這種人，我們可以思考配套措施，在他們達到退休年齡時，先給予 6 個月的休息時間，未來再吸引他們重新投入職場。然而，我們需要好好思考，這群年長者的升遷機會、福利制度和年資計算，該比照新進員工的待遇或有其它的做法。

　　廢除退休年齡會帶來何種結果？或許可以解決勞動力不足的問題，但體力和精力都符合要求的人數遠遠不夠。越健康的人越想早點退休，期待領退休金過日子。有些人想要展

開第二人生，為了達成目標，這群人更需要體制上的幫助。沒有提前規劃好替代方案，口口聲聲提倡廢除法定退休年齡，只會讓社會面臨更大的困境。

勞資雙方都暗自低語著，認為超過 65 歲的話，沒有人會想工作。超過退休年齡的人當中，究竟有多少人還想工作，又有多少人不想工作，一直以來都爭論不休。假設超過 65 歲還想工作的人不多，這個問題也應該優先考慮。未來的人生和職場是從 65 歲重新開始，我們必須接納這個事實。各位對退休抱持著什麼想法呢？想要早點退休，盡情休息？還是想要工作到人生的最後一刻？如果你是老闆的話，你會怎麼處理這個問題呢？

因為心疼年長者因工作無法休息，所以創造了退休制度，沒想到現在卻讓老人家更加辛苦。當初創造制度的人沒有想到人類竟如此長壽，才會出現這種相互矛盾的現象。想要一次解決退休問題嗎？縮短人類壽命是唯一的方法，但卻不切實際。人類越活越老，我們只能順應情勢，進化發展自己的能力。

面對退休議題，每個人的解決方案都不一樣。有些人選擇返家務農，追求大自然美景。有些人選擇宅在家裡，不喜歡到處奔波。有些人退休反而比工作還忙，嘴裡喊著「退休了反而忙到快過勞」。有些人找到第二專長繼續工作。我個人則是比一般人還早離開職場，做著獨立寫作和到處演講的工作。

　　人生沒有正確答案。即使政府出面，問題能被解決的幅度也有限，大家只能各自尋找答案。只要做好準備，退休後就能過著更精彩的人生。不用背著養育兒女和家庭生計的壓力，享受屬於自己的人生，一切端看個人的選擇和事前做的準備。

專屬於我的技能：知識

你是知識工作者嗎？

你擁有只屬於你的專業知識和品牌嗎？

為了加強專業知識，你有不斷學習嗎？

上司深怕你離開公司嗎？還是你一聽到組織調整就嚇出一身冷汗呢？

知識工作者必須擁有和其他人不一樣的特殊技能。

你的知識必須連結到工作成效。

你是怎麼樣的人呢？

知識社會的到來

　　過去的企業把土地和資本當成最重要的資產，當今的企業最重要的資產則是人才。對微軟公司來說，每天上下班的員工是他們全部的資產，員工隔天若沒有上班，公司就只剩一個空殼子。知識工作者的腦袋是一座工廠，如果對公司感到不滿，他們就會搬到其他地方。第二次世界大戰後，美國重新修定軍人權立法案（G.I. Bill of Rights），提供歸國的退伍軍人接受高等教育的機會，正是知識社會的開端。

　　知識社會沒有國界。和金錢相比，知識流通的速度更快，容易提升社會地位。任何人只要有心都能接受正規教育，但在爬升的過程必須承受極高的代價。激烈競爭的社會中，整個過程會帶來心理壓迫和精神傷害，等待的不一定是成功，而有可能是失敗。世襲制度消失，無關身分和地位，每個人都可以學習生產手段，完成工作內容必備的知識。

　　然而這不代表所有人都是贏家，知識工作者是新型態的資本家，雇主購買他們的知識作為服務，雙方處於平等的地

位。窮人和富人都全力投入教育，因為大家都清楚知道，未來只有具備知識的人能成為贏家。

為了成為知識工作者，我們的思考模式要從勞工轉成專家。除了接受基本正規教育，更要具備終身教育的觀念。在傳統社會中，一張頂尖大學的畢業證書或專業證照可以養活自己一輩子，但在知識社會卻不是如此。為了知識工作者存在的終身教育業是未來最具成長性的產業，知識工作者不但有自信，而且具有移動性，他們對組織有一定的忠誠度，但更感興趣的是個人成就和責任。知識工作者把工作當成人生，他們想要像志工一樣工作，同時也想獲得尊重。

你是知識工作者嗎？你有自己的專業和品牌嗎？其他人能替代你的位置嗎？你有持續學習並加強專業能力嗎？你的老闆害怕你跳槽嗎？公司進行組織調整時，你總是提心吊膽嗎？所有的上班族都要問自己這些問題，沒有人是例外。

許多人年紀輕輕被要求以「榮譽退休」的名義離開公司，這牽扯到諸多的因素，其中最大原因是工作效能得不到組織認可。這群人通常會受到很大的打擊或感到憤怒，追問公司怎麼可以對奉獻一生的員工做出這種決定，但這種事情絕對不會突然發生，而是員工沒有提前發現自己的價值已逐漸降低。

學生可以透過模擬考了解自己的能力，吊車尾的學生不認為自己能考入台清交，因為了解自己的程度，最後即便落榜也不會受到太大打擊。在踏入社會的那一刻起，我們失去客觀評估實力的方法。我的身價值多少？能力和薪水相符嗎？跳槽的話能領更多嗎？擅長什麼？不擅長什麼？該如何做才能有效得到答案⋯⋯等等。

沒有方法確認自己的能力，代表著直到墜落社會最底層前，我們很有可能不自量力地過日子。生活在知識社會中，我們要懂得自我學習的方法，擁有與眾不同的專業，想辦法把腦袋裡的知識轉變為成果。你是怎樣的人呢？

升級知識

　　杜拉克曾說：「知識在教與學之中產生綜效。比起閉門造車，知識在分享的過程產生更大的影響力，這才是知識的本質」。猶太人把教育當成最重要的投資，因為有形的物體會消失，但不用擔心腦袋中的知識被偷走或腐爛。

　　現代人生活在知識時代裡，不再像古人可以利用土地和資本成為富翁，未來唯有知識才能創造財富。世界分為二邊，一邊是有知識的人，另一邊是沒有知識的人。過去知識份子雖然窮，但未來他們卻能坐擁財富。有形的土地和財產可以世襲傳給下一代，但腦袋裡的知識卻無法傳承。若想要擁有知識，只能自我努力和終身學習。

　　定期加強專業知識是知識社會面臨的新課題，每個人都有各自升級知識的方法。我們必須創造出正向的循環機制，透過攝取、消化和排出知識的過程，影響彼此並互相幫助。在接受刺激的同時獲取新知，並與過去的經驗產生連結，把這份經驗和體悟分享給其他人，刺激他產生新的想法，最後再回饋給我們。

　　透過這些過程可以不斷提升知識水平，用好奇心看世界，萬物皆可學習。定期整理新知和經驗，分享給周圍獲得新回饋，這就是知識的新陳代謝。透過這些行為，我們將成為一個全新的自我，但請小心不要踏入專家會犯的謬誤。所謂見樹卻不見林，為了爬到更高的位置，請先走出森林才看得清楚森林真正的模樣。如同在運動場上奔跑的球員，他們通常都看不出球賽的整體走向。

　　若想成為一個領域的專家，不能只鑽研特定領域的知識。我們如果要挖一個深洞，一開始必須挖得比較寬廣。想要成為特定領域的專家，除了自己的專業，我們也要努力學習其他領域的知識。試著與不同領域的人交談，可能會獲得意料之外的靈感或想法，混種優勢就是這個道理。與不同領域的人進行交流很重要，不亞於與同領域的人交流的重要性。不同的知識相遇並擦撞出火花，進而造就了知識革命。

　　「知識工作者的腦袋裡有一座工廠，他們如果不開心會帶著整座工廠走人。」第一次聽到這句話時，我感到熱血沸騰。不過，萬一你的工廠太落後，也沒有東西值得帶走。該如何在腦袋裡蓋一座先進的工廠？當你反問自己時，你的生活會有所改變。好奇心甦醒了，你會不斷思考做事的理由，沒有其他方法執行嗎？遇到問題時，你則會開始苦惱解決的方法。

　　在這過程中，我們感受到自己的無知，於是開始學習新知識。認真讀書、看報紙、向教授提問，並和其他人分享自己的新體悟。湯姆・彼得斯（Tom Peters）曾說：「有能力傳授知識的人會是未來最有權勢的一群人。」現在的你是什麼狀態呢？

知識工作者的生產力

我們必須善待知識工作者，英國衰退的原因是技術專家沒有得到良善待遇。企業必須有特殊的魅力才能吸引知識工作者，不只要達到物質方面的需求，更要符合他們的價值觀並能夠得到社會的認同。

透過回答以下問題，知識工作者可以評估自己的生產力。你的專業是什麼？為了加強專業能力，你付出什麼努力？你能做到什麼？為了執行任務，你需要哪些必要資訊？你已經擁有這些資訊了嗎？

為了提高生產力，首先要了解自己的任務。勞力工作者是聽命行事，知識工作者必須自己設定工作目標。因此，我們要問他們：你現在的任務是什麼？未來的任務是什麼？你應有的貢獻為何？什麼是你執行任務時，應該排除的障礙？只要任務夠明確，這些問題應該很容易回答。知識工作者要為自己的生產力負責，持續追求創新、不斷學習和進修。請記得質比量重要，知識工作者不是成本，而是資源。

　　每個人都能創造知識，學得多才是知識份子的想法已經不存在。如果想要驗證你的知識，其中一個好方法是撰寫成文章，集結成冊後出版。很多人經常會高估自己的經驗和知識，認為自己的經驗可以寫成好幾本書，但當真開始作業時，他們會發現自己的知識填不滿一個章節的內容。寫書有很多好處，我們可以切身體會自己的無知，這也是成為知識工作者的第一步。

　　尋找能夠貢獻知識的領域，從現在的工作或興趣尋找，成功機率比較高，最後也有可能是完全不同的領域。廣交各式各樣的朋友，同時和各種領域的人交流。知識的發展源自知識交流，異業交流會等活動能學習到更多東西。不同產業間因為不怕競爭，人們反而更願意分享自己的訣竅（know-how），這就是異業交流的優點。在同一個領域待太久，我們的視野會變得狹隘，透過交流可以彌補彼此的缺點。如同見樹不見林的道理，若想要看見整片森林的模樣，你必須先走出森林。

　　分享知識吧！學習最好的方法就是教導別人，把你知道的知識告訴大家。知識和燭火一樣，傳遞火源的時候，蠟燭不會熄滅。經常與他人談論知識會更容易理解內容，相互回饋，獲得新的靈感。閉門造車者容易打造出不切實際的東西，因此我們要大方談論分享。規劃學習進度，閱讀要有目

標，不然容易感到無趣，且沒有進展。

　　購入新書的時候，我會訂下讀書計畫。決定學習佛教知識時，我集中購買閱讀佛教類書籍，感受短時間獲得大量知識的快感。我們要快樂學習，勉為其難或為了生存的學習，達到的效果有限。如果能體會學習是件快樂的事，人生就能綻放光芒，因為沒有其他事物能夠超越學習所帶來的樂趣。

生產力，量與質的衝突

　　企業活動的第一階段是資源的取得和運用，如何提升資源的生產力，一直以來都是企業的重要課題。針對三大主要資源為土地、勞動力和資本，所有公司都要訂出個體和總體的生產力目標。相同產業的公司之間，之所以會有差距是來自於每個階層經營品質水準的不同。評估經營品質水準的首要標竿正是生產力，即資源投入和產出的比率。

　　經理人最重要的任務就是持續提升生產力。若要提升生產力，每個要素需達到均衡，但我們卻很難定義和評估這些要素。為了提升知識工作者的生產力，必須留意下列事項。

　　一，確立任務目標。勞力工作者是聽命行事，知識工作者必須自己設定工作目標。因此，我們要問他們：你現在的任務是什麼？未來的任務是什麼？你應有的貢獻為何？什麼是你執行任務時，應該排除的障礙？只要任務夠明確，這些問題應該很容易回答。

　　二，個別知識工作者要為其生產力負責。

　　三，持續追求創新。

四，不斷學習新知和接受教育。

五，比起產量，更需重視品質。

六，對公司而言，知識工作者不是成本，而是資本。

　　如果有人問你的生產力有多少，你會怎麼回答？遇到這個問題時，我們必須先反問自己：「該用什麼作為評估的標準？」如果能量化，我們就可以改善問題。目標改變，評估方法也有所不同。我以寫文章和演講為生，對我們來說影響力是重要指標。我們說的話能帶來多少正面的影響力，評估指標可依照文章、書籍、演講或上節目的次數決定。

　　目前這本書是我寫的第 20 本書，翻譯書籍約有 30 本，一年平均演講 200 次，這是我過去十年的成績單。以前我一年寫一本書，現在我一年可以寫三本。從生產力的角度來看，我的生產力提升了。若是大學教授，發表的論文篇數和論文被引用的次數可以當成評估標準。以提案為生的人，可以用企劃書的數量和成功提案的次數做為評估標準。

　　關於杜拉克教授的論點，我想補充說明兩點。（一）我不同意質比量重要的看法。為了獲得品質穩定的商品，工廠必須生產一定數量以上的東西，這是所謂的量質轉換法則。（二）知識交流，現在已經不是閉門造車就能領悟大道理的時代。專家透過交流，得到刺激並擴展視野才是當今世代的做法。懂得這些道理的知識工作者才有辦法提高生產力。各位的生產力如何呢？公司的生產力又如何呢？

非自願性失業，講師和記者

　　杜拉克以學生和貿易公司職員的身分在漢堡度過兩年的歲月，隨後在 1929 年的 1 月，一間美國投資銀行到法蘭克福設立分行，杜拉克便搬到了法蘭克福工作。他雖然在銀行工作的時間不長，卻學到了很多東西。當時杜拉克曾請教分行長問題，分行長回答他：「關於那個問題，你要自己去找出答案。在還沒找到值得參考的資料之前，不要來問我。」

　　於是，杜拉克靠自己的力量查資料，學習到很多東西。分行長仔細觀察每位職員的能力，要求他們達到更高的目標，並不斷提高績效標準。

　　當時，杜拉克理解了「考慮每個人各自的優點，給予不同的待遇」一事。杜拉克從事證券分析師工作時，發表了兩篇有關經濟學的論文。1929 年經濟大恐慌，杜拉克任職的銀行倒閉，使他成了一名非自願失業者。不過，杜拉克後來進入了法蘭克福 Genreral-Anzeige 報社擔任記者，負責撰寫外電和財經新聞。每天下午 2 點半下班，杜拉克利用時間閱讀國際關係和國際法、社會制度與法律、世界歷史與金融等

知識，踏上了自學一路。這段時間幫助他養成了每3~4年鑽研一個新主題的習慣，他一邊工作一邊學習，最後取得了法蘭克福大學的法學博士學位。從這裡我們可以發現，杜拉克是一位認真生活的人。

在那之後，杜拉克因緣際會到了英國投資銀行工作。在這間銀行，杜拉克同樣學到許多東西。當時杜拉克的老闆發現他仍用過去的方式處理全新的工作內容，便訓斥了他一頓：「我知道你在當保險公司的證券分析員時，表現得非常好，但如果你仍用相同方式做事，你就應該要回到過去的職位。面對現在的職務，你有想過應該做什麼事嗎？你有思考過該如何成為一位有用的人嗎？」

經歷這個事件後，杜拉克學會當換工作時，思考方式也必須隨之改變。他的學習能力非常驚人，可以從看似平常的事件吸取經驗，轉換成自己的能力。因為有這些過程，最後才有了我們所認識的杜拉克。

杜拉克之所以成為一位偉大的學者，並非單純因為他從一流大學畢業，他獨有的自學方式和執行能力都值得我們學習。杜拉克生在一個混亂的時代，很多時後無關本人意志，而是時代的浪潮不斷推著他前進，奧地利到德國，德國到英國，最後再從英國移居美國。他的職業也不斷改變，從證券分析師到新聞記者，新聞記者到銀行行員，銀行行員到教

授。有部分是他自己的規劃，但也有部分是時代所逼。

　　重要的是，杜拉克從不拒絕學習，懂得從主管身上吸取經驗。有些我們聽來嘮叨的內容，杜拉克總能用不同的觀點看待。他也學到與不同人相處要用不同的方式，即使是某個領域的專家，遇到不同任務也不一定能表現的好。

　　現在是什麼樣的時代呢？大學學習的知識微不足道，無法供大家吃喝一輩子。我們必須懂得自我開發，不斷學習新事物，挑戰不同主題。杜拉克是我的榜樣，我像他一樣試著挑戰各種領域，並從中獲得許多樂趣。學習的樂趣是什麼？我現在好像稍微了解一點了。

不斷學習新知的杜拉克

　　一，杜拉克不斷挑戰新事物，他的各種工作經驗也透露了這個傾向。杜拉克曾在漢堡的貿易公司工作，也曾在美國投資銀行的法蘭克福分行擔任分析師，更曾當過報社記者寫新聞，最後他成為一位大學教授。當我們挑戰全新領域的時候，不僅可以擦亮原本的知識，更能擴展知識的範疇。杜拉克拒絕了無數大學的邀請，選擇待在比較小的本寧頓學院（Bennington Collage），主要是為了有效學習。在本寧頓學院，杜拉克可以教導學生各種他所喜愛的知識。最有效的學習方式就是教導，杜拉克也會每隔三年就挑戰全新領域。1942~1949 年，杜拉克任教於本寧頓學院，曾經開授政治理論、美國政治、美國史、經濟史、哲學、宗教等各式主題的課程。教導本身就是學習。

　　二，交流知識，相互刺激。自年輕時期起，杜拉克就和無數的高手交流。16 歲那年，杜拉克遇見了湯瑪斯・曼（Thomas Mann），雖然是在獲得諾貝爾獎的前幾年，但當時他已名列世界知名作家。本寧頓雖然是一間小學校，但他也在這遇見了各界好手，現代舞蹈家瑪莎・葛蘭姆（Martha

Graham）、經濟人類學家卡爾・波蘭尼（Polányi Károly）、精神分析心裡學家埃里希・弗羅姆（Erich Fromm）、建築家理查・諾伊特拉（Richard Joseph Neutra）…等。

三，大量閱讀並發行著作。規劃閱讀專案，集中閱讀特定領域的書籍。一個專案結束後，杜拉克就把吸取到的知識寫成書，他一生總共出版了 30 多本的著作。其中，他以 1945 年在 GE 擔任顧問的經驗寫成的《管理聖經（The Practice of Management）》是杜拉克的經典大作，更讓他被譽為現代管理學之父。快速學習的捷徑是教導，最有效率的工作方式是把出書當成目標。最有效率的學習方法是定期更換研究主題，挑戰全新的領域，研讀該領域的書籍。杜拉克活用所有的方法，最後成為一代大師。

四，杜拉克寫書的方式也與一般人不同。首先，杜拉克在腦中繪出藍圖，並用演講的方式對著錄音機口述內容。接著，秘書把錄音內容輸出成文字，杜拉克再根據草稿撰寫成書。杜拉克透過這些步驟提高作品的完成度，可說是相當卓越的方法。

五，集中加強自己的優點並取得成果。仔細思考自己真正想要的東西，並確實採取行動。杜拉克雖然是公司的顧問，但他非常清楚自己若成為組織的一員，他將無法有效率地工作。馬爾文・鮑（Marvin Bower）在 2003 年 9 月離世，他一手把麥肯錫打造成世界知名顧問公司。長達 5~6 年

的時間，杜拉克在每個周六早晨到麥肯錫公司教導他經營顧問業的方法。馬爾文數度挖角杜拉克，希望他能成為公司的一份子，但杜拉克都不曾答應他。對他來說，獨自工作是最具效率的模式。

哈佛大學也曾四度發出邀請皆被杜拉克婉拒，因為他想要按照自己的方式工作，只有像本寧頓學院這種小而美的學校能符合他的需求。若想要創造成果，每個人都要按照適合自己的方式工作。

世界變化的速度越來越快，知識的保鮮期也越來越短。在大學取得的知識和證照都變得微不足道，無法供我們吃喝一輩子。現今的世代只有不斷學習，並在特定領域獲得認同才是保護自己的上策。我們要各自找到適合的學習方法，杜拉克提供的學習方法仍然適用。懂得跨領域學習，把所學教給其他人；工作一段時間後，把經驗出版成書；找到適合自己的工作方式……等，現代文盲是那些停止學習和找不到自我學習方法的人。

決策，重點是時機

　　我的前主管非常愛拖延時間遲遲不下決策，辦公桌總堆滿一疊發黃的公文夾，所有事情原地踏步，不見有任何進展。並不是拖越久，做出的決策就越優秀。做決策時，最重要的是知道何時該做決策。即使做出了正確決策，若沒有在期限內完成，這個決策還不如在期限內完成的錯誤決策。準備做決策時，首先要找到能提供適當資訊的人選。假設要興建一所協助酒精中毒者戒酒的診所，曾受酒癮所苦的人就能提供重要資訊。對於做決策一事，杜拉克有什麼見解呢？

　　做決策必須有原則，首先我們要思考決策的原則為何，清楚定義必須滿足的邊界條件，深思熟慮什麼是正確的事。做出妥協之前，必須找出符合必要條件的解決方案，並把行動納入決策。我們必須對每個細節瞭若指掌：哪部分最耗時？誰該知道這項決策？應該採取什麼行動？誰要採取那項行動？行動者需要什麼支援？

　　很多人會忘記在事後檢討決策是否有達成預期的目標，因此決策前就必須訂好評估方法，納入反饋機制。做決策時，必須回答以下四個問題。誰該知道這項決策？應該採取

哪些行動？誰要採取那項行動？根據決策結果，行動的內容應該如何規劃，才能幫助行動者達成目標？

經理人要負責做決策，職銜越高，需要做的決策就越困難。最糟糕的是拿不定主意，猶豫不決不做出決策的經理人。百事可樂前執行長殷瑞傑（Roger Enrico）曾說：「做出正確決策是最好的狀況，做出錯誤決策是次好的狀況，不願做出任何決策則是最糟的狀況。」此話所言不假，及時做出的錯誤決策好過錯過時機的正確決策。有句話叫「欲速則不達」，對於急於行動這件事給了負面的評價。

然而，孫子兵法提到「兵聞拙速，未睹巧之久也」，給予「拙速」一詞高度評價。即使方法笨拙，快速仍贏過遲緩。這個道理可以套用到各種事物上，無論是戰爭、事業、讀書或戀愛，與其痴痴等完美時機到來，不如利用有限的資源做出決策。想要獲得所有資訊，並等待著完美時機才做決策，這個情境不可能出現在現實生活中。那一天永遠不會到來，因為決策本身就有風險。

做決策時，最重要的是原則，必須清楚列出這個決策須滿足的基本條件。安樂死的基本條件是什麼？是病患，所以我們必須站在病人的立場做出決策。華盛頓教育部長蜜雪兒瑞（Michelle Rhee）每次做決策之前，總會問自己：「這個決定對孩童是好的嗎？」。你現在準備做什麼決策？決策標準是什麼？你有及時做出決策嗎？

比別人快半拍

　　「凡事都有定期，天下萬務都有定時。生有時，死有時；栽種有時，拔出所栽種的也有時；殺戮有時，醫治有時；拆毀有時，建造有時。」這是聖經裡的話。想利用股市賺錢，最重要的是看準時機。某位投資專家曾說：「當大學教授開始談論股票時」，我們就要考慮把股票賣掉，一旦保守派開始行動就是賣股票的好時機。韓國俗話也說「膝蓋買進，肩膀賣出」，同樣強調時機的重要性。

　　人材進退之間也是相同道理。范蠡懂得急流勇退，過著成功的人生。反之，文種不聽范蠡的忠告，自認功高不願引退，最後被句踐強求自盡，悲慘死去。彼得‧杜拉克曾說：「所有為了成功做的努力中，最重要的是時機。」

　　疾病也是如此，初期治療容易，但不容易被發現。隨著時間流逝，疾病容易被發現，卻難以治療。錯過時機，事態惡化。所有人都發現有問題，但已經沒有方法可以解決。毛澤東曾說：「我們要比別人走快半步的距離。落後於人群會死，超前太多也是死。」，班傑明迪‧斯雷利（Benjamin

Disraeli）則說：「人生最重要的事情是適時抓住機會，適時放棄好處則是第二重要的事。」

　　LG 的創辦人具仁會能夠成功，也是因為懂得利用時機。一開始，他在慶尚南道晉州開了一家「具仁會商店」，專門賣土布，生意也不錯。1936 年 7 月，南江水患讓他失去一切。不過，他突然想起一句古話「梅雨連綿之年，必為豐年」。如果是豐年，農家收入必定會增加。農民有了錢，就會忙著為自己的小孩安排婚事，那麼絲綢棉布一定會賣得好。另一方面，因洪水氾濫，衣物和寢具也有市場。具仁會開始四處奔波，準備迎接即將到來的好景氣。如他所預測，秋天景氣開始好轉。其他店家因為沒有預測到這波商機，只能眼睜睜望著具仁會商店客人絡繹不絕的景象。

　　技術是否能成功商業化，關鍵同樣是時機點。新穎的高階技術不一定好，消費者難以消化太過快速和創新的技術，必須等到市場成熟再推出。比起劃時代的服務，企業要先實現顧客尚未被滿足的需求，慢慢改變消費者行為，等到不會大幅度改變生活方式時，企業再推出全新的服務。急於開始會曇花一現，只需要比別人快半拍就有機會大放異彩。若是比別人慢半拍的話，將變成賭局，最終面臨失敗。

　　各位事業的狀況好嗎？你覺得現在的時機適當嗎？會不會太快或太慢呢？為了成功所做的各種努力中，最重要的是時機，有些人則把它當成運氣。

激發不同意見

　　組織做決策時，有可能所有人都同意嗎？只有北韓的金正恩政權才會如此。通用汽車（GM）的傳奇總裁史隆（Sloan）在開會時，若發現在場所有人意見一致時，他就不會當下做出決策，因為代表遺漏了重要訊息。美國羅斯福總統也是同樣作法，如果意見沒有分歧就暫停會議，讓大家有時間醞釀不同意見。

　　重要的決策都有風險，大家理當議論紛紛。全場一面倒表示贊成，從另一個角度來看，代表沒有人認真思考這項議題。杜拉克也強調不同意見的重要性，不同的意見可以避免決策者受制於組織，不同的意見可以當成決策的替代方案，不同的意見更可以刺激大家的想像力。

　　有不同意見的組織才是健康的組織，如果相互不信任，組織內不會存在不同聲音。組織的最終決策者聽得進不同意見時，各種觀點才會陸續出現。這些不同的聲音幫助決策者直搗核心問題，組織達到真正的團結，決策過程可以堅定團隊決心。公開討論不同觀點能一併消除其他的反對音量，把

反對意見和議題放在一起討論時，大家會發現自己的問題變得微不足道。處理反對聲浪最好的辦法就是有建設性地活用它們。

各位的組織如何呢？特定人物發表意見時，所有人都默不作聲嗎？員工不願在會議室說出自己的看法，會議結束後卻聚集在一起，反對決策結果嗎？為了把反對聲音轉換成具有建設性的意見，我們應該做出哪些努力？

1960 年代初期，卡斯楚建立了古巴共產政府，美國則開始吸收遭到卡斯楚政權流放的軍人和難民，並訓練了 1,400 名軍人準備入侵豬玀灣。展開行動的同時，這些人馬上遭到古巴軍擊殺或俘擄。隔年，美國為了贖回 1,179 名的俘虜，遭古巴索取了價值相當於 5,000 萬美金的食品和藥品。光靠 1,400 名軍人是要如何對抗古巴軍隊，難以置信當時的美國會做出這種荒謬的決策。

美國政府擁有全世界頂尖的智庫人才，為何會發生這種事呢？答案是團體迷思。為了破除團體迷思，最好的方法是激發不同意見，提高決策品質，減少做出錯誤決策的可能性。

為了活絡組織，鼓勵員工發表各自的意見，高階主管們千萬不可以第一個發言。當高層透露了自己的觀點，底層員

工只會把想法收起來，一面倒同意上司的看法。

　　此外，組織也可以刻意打造出健康但矛盾的衝突狀態。天主教要頒發聖賢的稱號給一個人之前，候選人一定要經過惡魔代言人（devil' s advocate）的考驗。這個人會以幾近吹毛求疵的態度，揭開候選人的缺點。組織必須打造出可以公開討論不同意見的環境和氣氛。

有效的決策

經理人需要做出適當、實際和符合原則的決策，擺脫「只能二選一」的想法，找出妥協的中間點。做出有效的決策要經過以下六個步驟。

第一步，分類問題。

這是整個產業經常遇到的一般事件？對組織很獨特的事件，但對產業卻是很普遍的一般事件？特殊狀況下發生的特殊事件，但其實也是產業普遍性的共同問題嗎？我們必須學會歸納問題，失誤來自於錯誤的判斷。把普通事件當成特殊問題處理，用舊規則處理新問題。

第二步，定義問題。

我們之所以無法解決問題，有時候是因為看不清楚問題的全貌。1960 年代，美國汽車工業曾犯下失誤，他們把車禍肇事原因歸咎於不安全的道路和不安全的駕駛。汽車業者把心力投注在推廣道路安全和安全駕駛的訓練，卻不關注安全設備的問題，導致車禍總數不斷上升，因為造成車禍死傷的真正原因是車內的安全裝備。為了定義問題，我們需要不

斷驗證。

第三步，決定細節。

決策總會受到限制，所以必須確認邊界條件（boundary conditions），決策的最低目標為何？解決問題的最低要求為何？必須被滿足的條件為何？希望達成的目標為何？決策必須滿足邊界條件，才能發揮影響力。史隆接掌通用汽車後，決定執行分權化管理。經理人擁有權力，但也伴隨相對責任。中央統一指揮政策的方向，確保整體均衡，設定精確的邊界條件。

第四步，做正確的決策。

而不僅僅是可接受的決策，因為未來勢必要協商。如果不清楚邊界條件，協商是沒有意義的，必然會失敗。1944年，杜拉克擔任通用汽車的商業顧問時，史隆董事長曾對他說：「不要擔心我們的反應，不要做出妥協。如果我不知道是非對錯，我無法做出正確的妥協。」正確的決策必然會遭到抵抗，如果只想著不要引起反感，於是放棄重要的事物，這根本就不是決策。我們要思考何謂正確的決策。

第五步，規劃執行方案。

是誰要採取何種行動？選出負責執行決策的人，明確訂出執行過程的必要行動和任務。

第六步，建立回饋機制。

做出決策後，決策者要聆聽現場人員的意見，不然就只是紙上談兵，沒有根據的獨裁管理。決策者必須親自到現場

檢視，觀察決策帶來的影響。

　　很多人會說「我的上司很聰明，沒有他不知道的東西。」這句話是褒還是貶？這句話中是反諷因為老闆太聰明，所以其他人什麼事都做不成。好決策的絆腳石有可能是太過聰明的老闆或自我主張過於強烈的人，他們可以是最了解狀況的人，但應該要閉上嘴，創造員工自由發言的環境。管理者不應該按照自己的想法做決策，而是應該引導員工一同做出決策，這樣的決策才具有推動力。

顧客中心的行銷策略

　　為了真正的行銷，企業的思考方式需要從「公司要賣什麼？」改變為「顧客想買什麼？」，因為行銷的目的是減少推銷商品。業界常說：「技術的日產（Nissan），行銷的豐田（Toyota）」，豐田的勝利很久之前就已決定，因為行銷走在技術前面。

　　這個結果一點都不令人意外。第一位發明白熾燈泡的人是英國的約瑟夫・斯萬（Joseph Swan），但最後的贏家卻是愛迪生。作為電氣公司的老闆，愛迪生把重點放在「一般人需要什麼東西？」，站在消費者立場思考讓他獲得最終勝利。美國的地毯產業曾一度被列為夕陽產業，1950 年代某化學公司發現合成纖維的主要用途是地毯，於是收購了地毯公司，並重新規劃行銷策略。為了瞭解市場狀態，他們以「購買新住宅時，人們尚未被滿足的大宗需求為何？」做為重點調查。

　　調查結果讓地毯產業面臨的問題與需求逐漸明朗化，他們首先賦予住宅地毯全新的功能，即不用花大錢也能提升房屋的氛圍和舒適感。下一個問題是「該如何賣掉新地毯？」

若是要求額外付費購買地毯，新屋主會感到負擔，於是他們把地毯和新屋綁成一個商品。如此一來，地毯變成房貸的一部分，屋主可以用分期付款的方式減輕負擔。最後要釐清的問題是「擁有最終購買權的人是誰？」，不是一般家庭主婦，而是地產建商，最後他們成功活絡了地毯市場。

行銷的最終目的是讓推銷變得不重要。行銷的目的是了解顧客，使產品和服務完全符合顧客的需求，自然賣掉商品。行銷要具有站在顧客立場思考的能力，不是不斷強調自己的產品和服務有多好，而是能夠滿足顧客的需求。這些商品和服務真的對顧客有用嗎？

對顧客來說，沒有重要的商品或企業，他們唯一關心的是自己的需求。顧客只想著「這個產品對我有什麼好處？能幫助我什麼？」只有了解魚兒想法的人，才是真正的釣魚大師。你呢？

真正的美食名店有什麼特色？店家不會特意推銷。群山的李盛堂和大田的聖心堂都沒有打廣告，然而店內的客人依然絡繹不絕。我喜歡的美食名店都不打廣告，生意也是好到不行。有的客人是口耳相傳而來，有的客人是忠實老主顧。生意差的店家會在中午時段雇用工讀生，到大街上發放傳單，店內仍冷冷清清。發傳單的行動等於間接說明了一家店生意不好，東西不好吃。

　　最棒的行銷是什麼？讓公司不再需要推銷就是最棒的行銷。為了達到目的，我們要做好本分。開餐廳的要確保東西好吃，賣洗衣機的要確保機器能把衣服洗乾淨，演講為生的人要確保內容能感動聽眾。所有的企業都要把目標定位在滿足顧客的真正需求上。

　　像我一樣寫書並四處演講的人，我們需要何種行銷呢？打廣告或四處發傳單是大忌，口中說出目前特價只要繳 50 萬韓圜的瞬間，這個人就可以打包離開圈子了。對我們來說，寫書就是最好的行銷方式。透過書本傳達想法，獲取顧客的認同。麥肯錫公司從不打廣告，而是以期刊雜誌行銷自我。各位現在是使用哪一種行銷方式呢？

溝通的基礎是傾聽

　　越不懂溝通的人，越愛強調溝通的重要性。不懂溝通的人，沒有資格當經理人。杜拉克的一生都奉獻在書寫和演講上，他強調領導者必須具備溝通能力，並認為人類的所有能力中，最重要的能力是表達自我。他也主張現代經營管理中，溝通是左右公司經營成敗的重要因子。杜拉克也曾經說過，為了清楚看穿現實，我們必須學會表達自我、不斷練習說話、探討意義、反覆書寫、鑽研詩詞和散文。

　　關於溝通，杜拉克的這兩句話讓我印象深刻。

　　一是，「重要的不是我說了什麼，而是對方聽進去了什麼。」

　　杜拉克擅長站在對方的立場思考。許多經理人把員工叫來面前，一股腦地談論自己的想法，認為已經把想法全部傳達給員工了，這是千萬不可以有的想法。溝通的過程中，「說」只佔了 10%的份量。我們經常會遇到一個人說東，另一個人想成西的狀況，所以我們要時常確認對方聽到的內容，員工認知是否正確。如果發現誤會就要找出原因，並重

新溝通。溝通的重點不在說了什麼，而是對方聽到了什麼。

　　二是，「不要只想著吸引他人的關注，而是要以真心待人，才能廣結善緣。作為一名顧問，我最大的優點是無知，所以可以盡情地提問。」

　　傾聽不是一門技術，而是克制和謙虛的表現。懂得傾聽的人願意展現自己的不足以及需要向他人學習的地方。顧問看似幫人解決問題，但其實是協助顧客慢慢釐清問題和找出對策。若想要做到這一點，先決條件是懂得認真傾聽。顧客可以在敘說問題的過程中，自己找到解決方案。杜拉克當顧問的時候就是這麼做。

　　說話比較難，還是傾聽比較難？當然是傾聽比較難。我是什麼樣的人？我的職業是什麼？我經常會思考這兩件事。因為四處演講，有些人或許覺得我的工作就是講話。的確，我說了很多話，但我同樣也問了很多問題、聽了很多人說話、觀察和協助分析。

　　我的聽眾大多是成年人，演講過程建立在雙方交流上。我必須對聽眾提出疑問，引導大家說出自己的想法。當對方說話時，我必須啟動全身的雷達聆聽，除了集中在談話的內容外，我還要推敲他們為何會說出這樣的內容，背後是否有隱情，並觀察在場其他觀眾的表情和反應。

　　無論是一對一商談或團體諮商，兩個小時的過程中，我
必須集中全部精力在談話內容上。如果做不到，談話無法有
所進展。每當客戶說出：「我怎麼會連這些話都告訴你呢？
和你在一起的時候，我好像不用武裝自己。」這類話的時
候，我總覺得特別欣慰，這代表彼此已建立起溝通橋樑。你
的部屬總是不願意開口說話嗎？這代表你有很大的問題。

預測未來和提前準備

　　關於未來，我們只知道兩件事。（一）是我們無法預測未來，（二）是未來和目前存在和期待的東西有可能不一樣。我們不可能靠今日的行動和努力預測未來的事件，一切都只是做白工，頂多只能根據已發生的事件猜測對未來造成的影響。那麼，要從哪觀察已經發生的未來呢？

　　第一，人口變遷。我們可以預測人口結構的改變，造成的影響也最明確，出生率低、喜歡女兒、外籍勞工增加…等都是已經發生的現象。如果出生率上升，人們投資在幼兒身上的費用會增加，育兒市場需求會增加，育兒用品的價格也會增高。現代社會已經面臨出生率低的問題，因此我們可以預測未來可能會有的影響。

　　第二，知識領域。當基礎知識發生跨領域的改變（網路、奈米技術、遺傳學技術）時，我們要問「知識的變化帶來哪些可期待的機會？」。

　　第三，觀察其他產業、國家和市場，並提出疑問。在其他國家發生的事件，是否可以在我國產業市場建立全新的模

式？日本現在流行的東西經過一段時間後，可能重新在我們國內流行。不過，通訊技術日益發達，這個時間差會越來越短。

第四，產業結構，如原料創新。

第五，公司內部。

雖然我們無法預測未來，但可以根據現在發生的事件，提前為未來做準備。因此我們要問兩個問題，我們能夠和必須為未來做哪些事情？雖然不是很清楚，但未來可能面臨的巨大變化是什麼？書店有各種預測未來的書，每一年都有講述未來潮流的新書出版。內容大同小異也沒有新意，講的也是相同的事情。

女性時代即將到來，未來是母系社會。不，現在已經是了。男性原本擅長的領域中，女性慢慢成為新生領袖。士官學校的首席畢業生是女生，法官和檢察官的世界中，女性權力凌駕於男性之上。曾有人開玩笑說，未來的法院裡，法官、檢察官和律師將都是女性。男性只剩下一種角色，那就是犯人。

未來是全球化的時代，三星、LG 和現代汽車不再是本土企業，當初如果只把目標放在內需市場，這些公司早已不存在。許多經營陷入苦戰的組織中，有些是太慢進攻全球市場，有些則是被全球市場淘汰的公司。

　　國家權利也將被弱化，這是很自然的現象。人民可以自由選擇國籍的時代已經到來，如果對祖國感到不滿，大家可以選擇到其他國家生活，最好的證明就是安賢洙選擇俄羅斯國籍。如果無法好好治理國家，只會有越來越多這樣的案例。單身和老人人口不斷上升，搭地鐵時可發現車上幾乎都是超過 50 歲的叔叔阿姨們。博愛座已經失去原本的用意，我們應該把博愛座改成只有年輕人能坐的位置。

　　與個人意願無關，未來一步步靠近。重點是個人和組織要懂得應付各種狀況，方法只有一個就是從中找尋機會，及早做好準備。

IV.

自我管理：領導力和組織

領導力的本質是影響力。

只要具備影響力，任何人都可以成為領導者。

無關地位高低，大家都要成為領導者。

我們要經常思考組織存在的目的是什麼。

為了處理短期目標和突發事件，我們很容易忘記組織的真正目的。

越是如此我們越要記得存在的理由。

經常提醒自己這一點，得到的利益就會越大。

自我管理

2005 年，〈哈佛商業評論〉以彼得・杜拉克撰寫的《高效能的五個習慣（The Effective Executive，1966 年）》為基礎，重新刊載了〈自我管理（Managing Oneself）〉一文。這篇文章被認為是劃時代的巨作，歷史上偉人因為懂得自我管理，所以才能創造出豐功偉業。一般人若也能做到自我管理，同樣也能累積出屬於自己的成績。自我管理可以分為五個階段。

第一階段，找出自己的優點——我們必須了解自己的優點，並利用反饋分析找出自己的優點。每次做出重大決策後，寫下你預期的成果。9～12 個月過後，檢討實際成效和預期目標的差距，從中學習。

第二階段，發揮所長，找出適合的事——努力強化優點，而補強缺點最好的方法是別把事情搞砸。不要驕傲，改掉不良習性，以禮待人維持良好人際關係。

第三階段，根據實際成效和預期結果的差異，找出「不能做的事」，有些事情即便我們再努力也做不到——把時

間、精力和資源用在具有天賦的領域，我們便能獲得最佳的成果。

第四階段，了解自己的人格特質，你是閱讀者？還是聆聽者？——美國總統約翰・甘迺迪（John Kennedy）透過閱讀來理解事物，林登・詹森（Lyndon Johnson）則透過聆聽來理解事物。詹森上任後，底下的員工依然習慣閱讀者的領導方式，但他卻用聆聽者的方式管理員工，使得他不受部屬歡迎。你屬於何種類型的人呢？團隊合作型？單打獨鬥型？喜歡當決策者承擔責任？還是喜歡顧問的角色？

第五階段，了解自己的價值觀——我的價值觀是什麼？和組織的價值觀不相互衝突嗎？我屬於哪裡人？根據個人的優點、做事方法和價值觀，我們要思考自己能創造何種成就。為了在有限的時間內做出貢獻，我們要懂得處理問題的方法，這就是自我管理。

我一邊閱讀這篇文章，一邊把理論套用到自己身上。我擅長的事情是挑戰學習新知識，找到有興趣的領域，吸收新知，寫成文章集結成書出版，並到各地演講，一步步提升自我專業度。我的缺點是無法持之以恆，容易對相同的事情感到厭煩。每當我熟悉某一領域的知識後，便會失去興趣，感到極度無聊。如果規定一輩子只能鑽研一種東西，對我這樣的人來說是最嚴苛的懲罰。我充滿好奇心，所以對各種事物都很有興趣。現在的工作能讓我和不同領域的人交流學習，

可說是最適合我的職業。

　　我雖然也會藉由閱讀掌握重點，但我是屬於聆聽類型的人。我喜歡到處演講，也喜歡聽別人分享。每當有演講工作時，我通常都會提早到會場，聽聽前一位講者的分享。比起團隊合作，我是屬於單打獨鬥型的工作者。過去我在公司上班時，和其他同事配合得不錯，不過獨自工作時，我能創造出更好的績效。我不適合擔任組織的領導決策者，比較適合擔任提供意見幫助他人的顧問角色。我的價值觀是發揮善的影響力，透過書本或演講，撫慰人心，幫助人們了解事物。多虧當初我有遵守杜拉克教授的金玉良言，才讓我擁有了現在的這番成就。

通往成功的自我啟發之路

　　只要能做喜歡的工作，我就能把事情做好。聽到這句話時，我總是會問：「我到底喜歡什麼？」想要找到答案，其中一個方法是展開職場生活。在職場中，我們有時必須做討厭的事情。當我們知道自己討厭哪些事情後，就能發現自己想做的事情。雖然過程辛苦，但只要知道自己的喜好，我們就能過著成功的生活。

　　杜拉克曾說：「第一份工作就像是買彩券，剛好找到適合自己工作的機率不高。幾年後，我們才能開始以人類的角度找尋自己的歸屬。我們必須管理自己的工作生涯，找到自己歸屬的職場，成為組織的助力。不可以放任自己過著無聊的日子，失去挑戰的生活和死亡沒有兩樣。知識工作者必須找出擅長的領域，學會自我啟發的方式，確保生理層面的健康，精神層面的青春活力。不要想著一輩子只做一份工作，而是做好應付各種工作的準備。」

　　「我們要怎麼度過一生，全部的責任都在自己身上，沒有人能替我們負責。為了啟發自我，我們要先精通目前擅長

的領域，接著培養與工作無關的興趣，做出完全不同的改變。改變的時機點很重要，我們不要在遇到重大挫折時才想要改變，而是應該在人生順遂時勇於改變。」

第一份工作就像買彩券的說法，讓我感同身受。不只是第一個職場，選填大學科系也是相同道理。我畢業於首爾大學工學院的纖維工學系（現今的材料工學部），後來也取得高分子工程學的博士學位。我從來沒有考慮過這些選擇是否適合我，而是按照當時的社會氣氛和父母忠告做決定。

我的第一份工作是在 LG 化學研究所，雖然沒有考慮適性問題，但我當時也過得相當滿足，可以和朋友一同做實驗。決定到國外留學的當下，我也不曾懷疑專業科目的合適性，甚至認為自己就是個天生的工程宅。直到進入汽車公司工作，我才慢慢懷疑起這件事。我雖然爬到高階主管的位置，但卻開始對生活感到無趣，沒有自己的時間，這是我第一次發現自己似乎抽錯籤了。

40 歲初，我決定離開公司，試圖改變生活。我再也不想過像以前一樣的無聊生活，每天上班又下班，只為了達成他人幫我決定的目標。我想要自己找尋方向，學習新知，規劃行程，過著自由的人生。為了達到這個目標，我付出了慘痛的代價。世事難料，我離開公司沒多久後，韓國陷入了金融危機，我無法順利找到新工作。背負著一家之主的重擔，我無法隨意過日子。

　　經過幾年的辛苦，我慢慢找到了方向。我知道什麼東西適合我，所有事情開始好轉。我靠一己之力找到了自我學習的方法，並得到了非常多的機會。人們總說要在一帆風順時就做好準備，但我卻在面臨危機時才開始準備。儘管如此，多虧了自我啟發的這段過程，我終於成功轉型。各位又是如何呢？為了做好現在的工作，你付出了哪些努力？還是你依然賴在舒適圈中，得過且過地活著呢？

領導者的資格

曼德拉（Mandela）說：「領導者要像牧羊一般，永遠待在羊群之後。敏捷的羊率領一般的羊前進，後段的羊群永遠不會發現身後有位牧羊人。」

Visa 創辦人狄伊‧哈克（Dee Hock）說：「若沒辦法給予人民希望，你就失去領袖資格。」邱吉爾說：「寫下你討厭的事，記住千萬不要對他人做出這些事；寫下你喜愛的事，並試著對其他人做這些事。」

山姆‧沃爾頓（Sam Walton）說：「部屬會依照上司的水準辦事，經理人若不關心部屬，部屬也不會關心公司。」

對於領導力，每個人都有各自的見解。那麼，杜拉克認為領導者該具備哪些資格呢？

第一，領導者必須有傾聽的意願、能力和自制力。傾聽不是技巧，而是紀律的表現。只要有心，人人都做得到，這結果讓人感到意外。自制力是指能做到卻忍著不做的能力。掌握權力，但不濫用權力。知道答案，但選擇聆聽部屬的想法。覺得自己無所不能的人，沒有資格擔任領導者。

　　第二，溝通能力，把自己的想法傳達給他人。自己知道和傳達給其他人是完全不同的兩件事，身為一位領導者，必須有能力傳達無形的願景和夢想給部屬。

　　第三，對事情負起責任，逃避工作職責是大忌。在職場位階越高，身上擔負引導他人的責任感就越重。不過，卻有許多領導者不願負責，一心只會挑其他人的毛病。

　　第四，自己和任務相比是微不足道的。不要搞個人崇拜主義，重要的是自己扮演的角色和該盡的義務。

　　當杜拉克被問到該如何選拔領導者時，他這麼回答：「我是否願意讓自己的子女在這個人手下工作？如果他成功了，年輕人會把他當成楷模。如果我的子女成為那樣的人，我會有意見嗎？」

　　杜拉克認為的領導者該是什麼樣貌呢？現在的各位是什麼樣的人？未來又想成為哪一種人呢？

　　「傾聽是自制力的表現，只要有心，人人都能做到。所謂的自制力是做得到，但不去做。」

　　關於傾聽一事，杜拉克有著精闢的見解。若能夠傾聽他人的話，必須懂得尊重對方，放低姿態承認自己的不足。看見他人值得學習的一面，我們才願意傾聽。不過，現實狀況完全相反。高階人士一直以來都很成功，他們堅信是靠自己的方式走到現在這個位置，比起其他人的意見，他們更相信自己的想法。

　　然而，這種人並不是領導者。可以獨自做好所有事情的人只是專家，而不是領導者。領導者要統合所有人的智慧，達成組織目標。領導者的核心能力是傾聽的意願，代表他們尊重每個人。文章的最後一個段落也相當有趣，杜拉克是如何評估一個人的能力，他的答案很簡單：「你是否願意讓自子女在他底下工作？」你是個什麼樣的領導者呢？部屬們是怎麼想的呢？

溝通的四大要件

　　身為領導者，溝通是必備的能力之一。無論有多麼崇高的理想，認為一切都是為了員工好，只要無法把這些想法傳達出去，他就是一位失格的領導者。杜拉克認為溝通有四大要件。

　　第一，溝通是認知（perception）。溝通的主角不是說者，而是聽者。與人溝通時，要以聽者的經驗為基礎，唯有用他們的語言和慣用措詞，才能夠溝通。如果不配合聽者的經驗，他們不會聽說者的話。因此當我們在溝通時，必須判斷內容是否在對方可察覺的知識範圍內。

　　第二，溝通是預期（expectation）。我們只願意聽到預期聽到的東西。預期改變時，接收者能聽見的內容也會不同。預期會過濾情報，即使是相同的情報，人們只會聽見願意聽到的內容，不願意聽的內容永遠都不會被聽到。

　　第三，溝通伴隨要求。當溝通內容符合聽者的需求、價值觀和目的時，溝通就能發揮強大效果。反之，若溝通內容不符合接收者的價值觀，溝通就不成立。

　　第四，溝通和資訊不同。兩者處於對立關係，但又相互依存。溝通是認知，資訊是邏輯。資訊是死的，它本身沒有任何意義，和人類沒有關係。但當資訊和情緒、價值觀、期待、認知產生連結後，資訊的效能和信賴度就會提高。溝通的前提是資訊，但在溝通過程中，最重要的不是資訊，而是雙方的認知。溝通的時候，我們要思考資訊該以何種型式傳達給對方。

　　有的老闆總愛不斷談論犧牲和奉獻，強調包含老闆在內的所有人，全部都必須為公司做出犧牲和奉獻。對這些言論，員工態度冷淡，因為他們不知道為何需要為公司犧牲奉獻。這結果一點都不令人意外，我們先不討論老闆的經營哲學是否正確，而是老闆在傳達這份訊息時，溝通方法出錯了。進行溝通時，不應該站在自己的立場，而是應該站在員工的立場。

　　老闆若只想談犧牲奉獻，應該要先告訴員工為何要這麼做？如果做到，員工可以得到什麼？員工犧牲奉獻搞壞了身體，最後只有老闆的口袋賺飽飽，如果是這樣的結果，相信沒有一個員工會聽老闆的要求。員工只要發現對自己有好處，不用多說，員工也會自願奉獻。反之，一旦員工發現沒好處，即便老闆說破嘴，員工也聽不進去。

　　溝通是企業管理的重要工具。透過溝通，我們能激勵員

工。透過溝通，我們能販賣無形的東西，如：未來願景、自我價值觀。溝通的重點核心不是自己，必須站在對方的立場看事情。如果不懂對方的立場，溝通是無效的。

　　公司遇到困難時，有些老闆會召集全體員工，用嚴肅表情說：「為了在這個競爭的時代存活下去，請大家共體時艱。」老闆若認為員工聽完這番話會有所行動，那他就太不了解人性。員工心裡搞不好想的是：「老闆先共體時艱吧！先把你的賓士車賣了，也別再打高爾夫球。」——溝通的重點不是說者講了些什麼，而是聽者聽到了什麼。

整合「授權」

　　高階經理人最缺乏的資源是什麼？答案是時間。無關身分，所有人擁有的時間都一樣。事業越成功的人，越有更多人會找上他。供給固定，需求增加，時間總是不夠用。如果不懂得時間管理的方法，我們忙卻沒有產出，該如何才能成為時間管理的高手呢？

　　首先，記錄時間運用的方式。了解時間花到哪裡去，我們才能管理時間。生產力高的時段不要處理例行工作，思緒清楚的時候不要用來運動。管理花費在會議上的時間，開會要有明確目的，準時開始準時結束。減少不必要的空間移動，每天花好幾個小時通勤也是浪費，可以透過電話解決的事情，用電話處理就好。閱讀新聞、確認電子郵件、簽公文⋯⋯等例行性業務，一併集中到固定時段處理。每天提早 30 分鐘進公司規劃行程，在不被旁人干擾的情況下，先行完成工作也是個好方法。

　　集中心力在工作上很重要。手術房的外科醫生不接電話，因為他們要高度集中精神。書寫文章或文案也需要高度

的專注力，同樣工作 8 個小時，一個人每 15 分鐘就被打斷一次，另一個人沒有受到任何干擾，最後的產出會有巨大的差異。時間管理的核心重點之一是整合時間，保留一些較長的時段，用來處理重要的工作。

授權也是必要的。杜拉克曾說過：「所謂授權，不是把自己的工作推給其他人，而是為了確保有足夠的時間，集中精神完成心目中最重要的事。」羅斯福總統的機要顧問霍普金斯（Harry Hopkins）身體虛弱，只能每隔一兩天，工作幾個小時，但邱吉爾仍極度讚揚他的工作能力。假如我們遇到這種極端的狀況，就得思考哪些是必要事務？哪些可以由其他人代勞？

杜拉克說過：「管理不是教你認真工作的技巧，而是教你抓方向的技巧。經理人的時間總是不夠用，代表他搶著做其他人也能勝任的事情。對經理人而言，最重要的技巧是授權。授權工作給他人，經理人才能確保自己的時間資源。」

如果你是一位忙碌的經理人，就要注意自己的工作方式是否有問題。忙是由「心」和「亡」字組成，心亡代表心智失去作用。忙碌意味著工作方法錯誤，請重新安排工作的優先順序。很多的情況是經理人搞不清楚事情的輕重緩急，放著需要親自處理的事情不做，卻忙著處理他人可以代勞的小

事。如此一來組織會承蒙損害，因為領導者沒有盡到責任，導致組織空轉。

組織的有些事情只有領導者可以處理，包括訂定組織方向、願景、激勵員工、建立價值觀等。如果領導者做不到，整個公司都會受損失。第一個受害的是領導者本人，因為他把時間花在不必要的事上，陷入時間不夠用的痛苦之中。因為沒有時間處理重要的工作，他會感到身心俱疲。再來受害的是他周邊的人，因為時間不夠，領導者無法與部下或顧客進行重要的會議。對這些人來說，他們也蒙受損失。

員工要試著處理各種業務才能有所成長，若上司把所有的事情攬在身上，除了害基層員工失去學習的機會，更被剝奪了成長的可能性。高效能經營者的第一步是時間管理，時間管理的第一步是排出工作的優先順序，並根據計畫執行。你有好好管理時間嗎？

經理人的時間管理

「對經理人來說，時間是最重要的資源。如果連時間管理都做不好，他也無法管理其他資源。」經理人管理時間能力的優劣，對整個組織的生產力有直接的影響力，絕不可以輕忽。如果每天工作忙得團團轉，產出卻沒有增加，我們可以透過個人和組織兩個層面檢討此問題。

首先，我們從個人層面分析，想要改善問題，就要檢視自我。記錄每項工作花費的時間，分析並找出毫無生產力浪費時間的事情，設法刪除這些活動。晚宴應酬、演講、出席委員會…等，這些活動佔據經理人大量的時間。不做也沒關係，不會影響工作結果的話，代表這些事情根本不需要做。

第二，不要做其他人可以代勞的事，果斷授權給他人。有些經理人會做一些不必要的雜事，美其名是以身作則，親自傳真和影印，不請司機自己開車，白白浪費體力（公司超過一定規模後，我們要計算出老闆身價。身價高的人把時間花在影印和開車，就是一種浪費）。有些經理人則會搶著做其他人的事情，或是不願放手把事情委託給他人。公事繁忙

不是權力能力的象徵，而是代表一個人的無能和疑心病重。為了妥善管理時間，我們必須懂得做出選擇和集中精神。

第三，不要浪費其他人的時間。經理人要管理員工的時間，不要用無效的命令和控制浪費別人的時間。

接著，我們從組織層面分析。

第一點，缺乏制度造成的浪費時間，企業每年遇到的庫存危機就屬於這類。庫存問題的原因是季節變化，所以我們應該保持生產線的彈性。這些問題的答案大多藏在日常生活當中。

第二點，人力過剩造成的時間浪費。兩個人要花兩天的時間才能完成任務，那麼分派給四個人要花多少時間呢？答案或許是四天或遙遙無期。人越多，花費在互動和達成共識上的時間就越多。排球比賽中，九人隊伍輸給六人隊伍，原因就是人力過剩。我們難以量化知識工作者的人力和時間的互動關係，若是花費太多時間解決組織人際關係和調解意見等問題，代表組織人力過剩。

第三點，組織結構不良，症狀是會議氾濫。組織成員超過四分之一的時間都在開會，代表組織結構不良引起時間浪費。在理想的組織結構中，根本不會有會議。不必要的組織權力劃分、責任和權力分散、缺乏分享制度、資訊過量和人力過剩…等，這些都會降低組織的生產力。

　　如果用時間來判斷貧富，大部分的經理人都是時間的窮人。時間有限，事先無法儲存，事後也無法重來。在供需關係中，重要的是需求層面。需要使用經理人時間的人是公司員工，這些人佔據經理人大半的時間。員工認為經理人的時間是可以免費使用的資源，需求永遠都大於供給。企業斤斤計較於員工身上的雞毛蒜皮小事，卻很少監督經理人的時間，這是錯誤的現象。

　　為了修正問題，我們必須訂出經理人時間的價值，甚至要求使用者負擔費用，無論是用何種形式，讓一切符合市場原則。每個人的時間都很珍貴，特別是高階經理人的時間更為寶貴，公司必須灌輸這個觀念給員工。如此一來，大家不會再因為一些小事，隨意佔用他人的時間。

　　時間管理一直是個熱門的議題，所有人都要記得經理人最珍貴的資源是時間。管理者的層級越高，他能用的時間越少。把和經理人開會的時間換算成費用，並從員工的薪水中扣掉會發生什麼事？五分鐘要價兩萬五千元台幣，你願意支付這筆費用嗎？從別的角度來看，其實我們已經等同支付這筆金額了。層級越高的人，他們越懂得珍惜自己的時間，確保自己在時間管理上沒有疏失。員工不要對經理人的時間予取予求，而是要重新思考時間代表的意義，不可以隨便佔用經理人寶貴的時間。

研究領導的本質

　　領導能力與資質無關，與魅力（charisma）更沒有關係。領導能力是一個非常平凡、絲毫不浪漫、非常無趣的東西。領導能力的好壞和成果有關，領導不是特別的東西，只是個手段罷了。領導存在的目標是什麼？沒有比史達林、希特勒、和毛澤東更具有領袖魅力的領導人物，而艾森豪、馬歇爾、哈瑞‧杜魯門是優秀的領導人物，但卻不具領袖魅力，前西德總理艾德諾也屬於這一類人物。

　　領導是什麼？必須具備哪些東西？

　　第一，深入思考、制定明確的組織使命。設定目標，決定優先順序，訂定遵守規則。

　　第二，領導不是階級或特權，而是責任。愚昧的領導者害怕同事和部下的能力比自己好，所以他們會想盡辦法除去優秀的人才。聰明的領導者渴望和能力好的同事一起工作，所以懂得激勵和支持他們。事情出差錯時，領導者會跳出來承擔責任。部屬順利完成工作，領導者不覺得是威脅，而把它當成自己的成功。杜魯門曾說過：「所有責任由我承

擔」。

第三，領導善用人之所長。獨自作業的人不需要具備領導能力，領導是懂得善用組織成員的強項，將之發揮到最大效能。美國南北戰爭的時候，格蘭特將軍有很大的貢獻，但有許多人不滿格蘭特愛好杯中之物。聽聞此話後，林肯總統說：「如果我知道他喜歡哪種牌子的酒，我會送一桶給其它將軍品嚐。」林肯透露出的訊息很明確：「在這世界上，誰沒有缺點？我知道這個人的優點，更想把他的能力發揮出最大效用，所以我不會為了這一兩項缺點而拋棄他。」

我們為什麼要經營企業？組織的存在對社會帶來什麼效用呢？各位是否有想過，消失反而對社會有所幫助的企業有哪些呢？以人類來說，生命存在就具有意義。不過，有些組織若消失，反而對社會有好處。因此，組織領導人必須思考組織存在的理由是什麼？這是領導者所面臨的第一個課題。

領導的本質是影響力，具有影響力的人就能成為領導者。身處高位卻不具影響力的話，這個人就不是領導者。當擁有的一切都消失時，真正的樣貌就會顯露出來。拿掉擁有的職稱、財富、名譽時，世人會如何看待我？好好思考這個問題，就能得知自己是何種領導者。

領導者不是你想要就能當，而是要獲得他人的認同才

行，社會地位高不一定代表你是一位領導者。印度聖雄甘地在當時沒有正式的頭銜，卻具有驚人的影響力，所有人都認同他為領袖。有些人雖然是組織高層，但卻得不到大家的認同。與這種人相處時，人們會因為他的權勢而低頭，但在背後卻看不起他。領導力就是影響力，不會多於它，也不會少於它。地位和財富的確具備影響力，領導力若依附在這些物質下，一旦失去地位和財富，領導力也隨之消散。各位覺得呢？

資訊社會的領導

遇到水災時，什麼東西最珍貴？答案是飲用水，聽起來很矛盾，但事實就是如此。在資訊時代，我們面臨到相同的難題。資訊社會中，有用的資訊最珍貴，質比量更重要，少即是多（Less is more）。

1870 年代最有效率的組織是駐紮在印度的英國軍隊，不到一千名的軍人管裡人口稠密的印度大陸。當時怎麼辦到的呢？英國軍隊靠著蒐集正確資訊來做決策。孟買、清奈、加爾各答等大都市各有一名副總督，副總督下有將軍，兩人之間只有會計監察和督導官，沒有其他中級管理階層。平均年齡是 25~26 歲，做事風格簡潔俐落。他們只需要做三件事，目標如同水晶一般透亮清楚。

第一，維持法律和秩序。

第二，避免互相殘殺。縱觀印度歷史，這段時期最少發生宗教紛爭。

第三，徵收稅金。

他們每個禮拜六要寫報告書，逐一檢討每一項任務，並詳細記錄原本對任務的預期是否有出現落差，記載實際狀況

和個中原因。接著,他們根據每一項任務寫出對下一周的預期。每一份報告都包含明確目標和預期結果,這就是資訊。

資訊不是越多越好,而是要在必要時刻找出正確的資訊。一流的主持人能在重要時刻過濾出必要資訊,根據對象、環境和議題的不同改變內容,提供符合當事人需求的資訊。工作也是一樣,必須要能區分必要資訊和非必要資訊。在資訊大海中,我們要會區分效用性。過多不必要的情報對認知事務沒有幫助,有時還會模糊焦點。

領導的核心能力之一是決定優先順序,並可以判斷這個人是否為優秀的領導者。價值觀決定優先順序,遇到真正需要處理的事時,優秀的領導者能有效率且完美執行。面對不需要處理的事,糟糕的領導者會花費同樣的精神和時間執行。有多少領導者浪費時間在不必要的事情上,卻不處理真正的問題呢?你工作的優先順序是什麼?為了執行任務,我們需要蒐集哪些資訊?從哪裡可以取得資訊?還是被不必要的資訊淹沒,迷失在大海中呢?

訂下工作優先順序

　　我們經常可以聽人抱怨：「太多事情要處理，我已經忙得暈頭轉向了。這個也要做，那個也要做，究竟是想要我怎麼辦啊？」然而，這世界本就如此，不可能一次只需要處理一件事，沒有這樣的人生，唯一的例外是剛出生的嬰兒。只挑簡單的事情做，實力不會進步。當我們覺得業務量快要超過負荷，且必須同時處理各種事情的狀況時，我們會對工作產生耐力，生產力也會隨之提高。當同時處理多種工作時，最重要的是建立優先順序，具備區分事情重要性和決定處理時間點的能力。

　　杜拉克提出四個決定優先順序的要點。選擇未來，而非過去。著眼於機會，而不是問題。相較於流行，要選擇獨創性的方向。把目標放在能突顯差異的目標上，而非容易達道的安穩目標。

　　對於這一番話，你有什麼想法呢？你所屬的組織現在採取何種行動呢？大部分的行動都和這些建議背道而馳吧？比起專注在未來，我們通常花費更多的時間來追究和分析昨天

的錯誤，反而錯過明天的機會。可能是人才安排的位置錯誤，導致錯失機會，或忙著模仿他人的經營模式，最後消耗了所有資源和精力。

為了集中精神做最重要的工作，經理人必須懂得拋棄次要的東西。歐普拉‧溫芙蕾（Oprah Winfrey）曾說：「我們沒辦法擁有全部的東西，我們也沒辦法自己完成所有工作。」亞歷山大‧貝爾（Alexander Bell）則說：「太陽光非常灼熱，但在成功聚焦之前，它無法燃燒任何物品」。

高效能管理者懂得安排工作的優先順序，且內容非常明確。為了成為高效能管理者，我們要不斷反問自己：「哪些工作是排在前三名內？我現在是否有按照順序處理呢？」

低效能的人有三個致命性的特徵。

第一，不按照優先順序處理工作，工作效率低落。這種人外表看起來很忙，但卻都在處理奇怪的事。行動不及時，不斷延後重要的工作。他們的辦公桌上，總是堆滿了待辦事項。

第二，雖然知道工作有優先順序，但卻無視計畫，一心覺得同時處理所有事情才是最重要的。

第三，用壞習慣影響別人，造成大家的壓力。隨著死線的逼近，大家各自完成任務，但卻會擔心害怕這個人無法順利完成任務，造成其他人的心理壓力。

　　領導者核心能力之一是決定優先順序，如果他無法明白事情的輕重緩急，個人和組織都會毀滅。德國將軍馮‧曼施坦因（Erich von Manstein)曾對部隊說：「軍官可以分成四種類型。第一種，懶惰又愚蠢的傢伙。我們不必理會這種人，因為他們不太會帶來災難。第二種，認真工作且聰明的傢伙。他們非常注重細節，能夠成為一名優秀的參謀將軍。第三種，拼死命工作卻愚蠢的傢伙。這是非常危險的人物，必須即早剷除。第四種也是最後一種，聰明但懶惰的傢伙，這種人才能勝任高階職務」。

　　這段話的重點是什麼？唯有了解事情輕重緩急，並能夠按照計畫執行任務的人才是最優秀的領導者。到底你是哪一種人呢？

根據戰略建立組織架構

組織是由各種人組成,執行各式任務的地方。組織成員之間的責任關係必須清楚,溝通過程沒有障礙。每個人各自的任務是什麼?需要哪些幫助?為了協助其他人的任務,我們要做出哪些貢獻?組織成員要清楚理解彼此的任務。組織應該呈現何種樣貌?這些都沒有正確答案。沒有人能夠告訴我們該做什麼事,只會告訴我們不該做什麼事。沒有人能告訴我們什麼會有好的發展,只會告訴我們什麼有問題。組織結構和建築工法一樣,建築工法不會告訴你應該房子要蓋成什麼樣子,只會告訴你哪一種房子不能蓋。因此,找出符合工作任務需求的組織架構非常重要。

杜拉克認為組織應該遵守的原則如下。首先,組織必須透明化,結構簡單明瞭,減少轉換速度和方向的次數。組織中,只能有一個人擁有最終決策權。多頭馬車無法向前跑,只能原地打轉。組織結構盡可能包含最少的管理層級,層級越多,資訊每傳輸一次,所傳輸的資訊量就會減半,同時雜訊也會倍增。以天主教會組織為例,只有教皇、主教和神父

三個管理層級。組織結構必須能培育和檢驗未來的高階經理人，透過長期計畫，根據個人實際績效，遴選和檢驗未來經理人。

　　組織型態一般可分為兩種型態，一種是聯邦分權組織（Federal Decentralization），另一種則是功能分權組織（Functional Decentralization）。聯邦分權組織擁自己的商品和市場，最具代表性的公司是從 1923 年就開始使用這個制度的通用汽車公司。凱迪拉克（Cadillac）、雪佛蘭（Chevrolet）、奧茲摩比（Oldsmobile）、龐帝克（Pontiac）等品牌有各自的事業部門，每個品牌都是獨立的公司，唯一的共通點是使用通用汽車這個名字，他們連零件部門也是獨立的事業部門。大家都各自有明確的目標和責任，所以可以規劃出這種組織結構。各事業部的部長直接為願景和成果負責，促進組織成長。功能分權組織按照流程階段劃分部門，如研發、生產、行銷、財務…等。聯邦分權化和功能分權化是互補的關係，從企業整體的觀點來看時，我們依照聯邦分權化原則整合所有的活動，至於在各個事業部門下，則以功能分權化組織管理。

　　我們經常會用各種運動來形容組織結構，如同棒球隊的組織、如同足球隊的組織、如同雙打網球的組織。棒球隊中，每個人的角色都有明確的責任，發生再急迫的狀況，外野手也不可能擔任投手的角色。足球隊中，每個隊員雖然被

分配到不同的任務，但必要時，隊員可以互換角色，甚至守門員也可以進球得分。雙打網球沒有區分角色任務，而是看球的走向，在最佳回擊位置的人要負責揮拍。

　　錯誤的組織結構會造成問題，召開調解委員會的次數增加、透過管道溝通、做事沒有彈性、年齡結構失衡...等，這些都是組織結構出問題的症狀。

　　高手懂得化繁為簡，菜鳥則是化簡為繁。組織結構問題很複雜，杜拉克卻用簡單明瞭的方式定義問題。基督新教和天主教是個很好的例子，基督新教是完全的分權組織，雖然都是基督教，但每個派別的原則都不一樣，牧師的品質差異也很大。天主教是完全的中央集權組織，所有事情都依照梵諦岡教廷的政策執行，神父能決定的事情不多。這個原因讓天主教偏向保守，變通性也較差，卻可以維持一定的品質。各位的組織如何呢？現在面臨什麼樣的問題呢？

記得組織存在的目的

　　組織為何存在？有一定得存在世上的價值嗎？組織本身沒有任何價值，組織只是一種手段，所有的組織都是為了執行社會任務才存在。生命的目的就是存在這世上，組織則是為了對個人和社會做出貢獻才存在。組織該如何決定目的呢？為了達到成果，我們應該如何活用資源呢？該如何評估成果呢？事業的本質為何？針對以上的問題，組織必須有明確的答案。如果沒有明確的答案，組織只會分散和浪費資源。決定組織目的沒有科學的方法，而是價值的問題和政策的問題。

　　每個組織都各有目的和社會任務，為了達成目的和任務，組織的經營方式很相似。所有組織都是由具備不同知識和技術的員工組成，藉由他們的能力達到組織的共同目標和成果。經理人必須確保組織平衡，一邊是成員的需求與期待，一邊則是組織的目標。大家都有各自的工作自由和彈性，組織也能維持中間秩序。

所有組織都擁有權力，並行使其權力，所有組織都必須為行為負責。組織造成的結果會影響企業外部，公司內部無法給予評論，只有外部人士可以判斷好壞。醫院是為了病患存在的組織，而不是為了醫院員工而存在。教育部有政策的決定權，但決策的重點不該考慮教育部職員的利益。組織在做決策時，必須釐清對象是誰？他們希望得到什麼？是否有執行的必要？…等問題。

汽車公司內部進行新車模型的選拔，這種投票結果不具有任何意義。對汽車公司來說，消費者喜歡哪種車子？消費者願意購買哪一種車子？這兩個問題才是重點。組織目標越明確，未來越有可能成為強大的組織。評估成果的標準和方法越具體，組織也就越容易達到目標。

默克集團是世界首屈一指的製藥公司，創辦人非常清楚企業存在的目的，身體力行實踐目標。默克集團成立已超過百年依然受人尊敬，針對企業存在的理由，默克說：「藥品是為了病患而存在，並非為了利潤存在。我們不斷努力就是不想忘記這個事實，只要好好記住這件事，利潤自然會浮現。記得越清楚，公司創造出的利潤就越高」。

這段話最重要的含義是「下意識地努力」，大部分的人都抱持善意經營公司，但為了達成短期目標和處理各種緊急事件，我們經常會忘記這個重要的事實。市場的壓力非常

大，為了達成公司內外的目標，我們經常會忘了組織存在的
目的。我們很容易遺忘，正因如此我們要不斷提醒自己「組
織存在的理由」，一定要記得「存在的目的記得越清楚，組
織的利潤就越高」這句話。

　　有些組織消失後，反而是幫了人們一個大忙，但有些組
織卻必定得存在。你所屬的組織屬於哪一種呢？對利害關係
人來說，你的組織是否只帶來痛苦？你又要如何證明組織不
是這樣的存在呢？

清楚定義組織的使命

　　你的組織有什麼使命？組織成員全體都認同這個使命嗎？是否能運用到生活當中？組織生生不息地運轉著嗎？組織雖然有使命，卻只是紙上談兵嗎？

　　組織章程中，通常會說明組織存在的理由。對領導人而言，領導能力不重要，重要的是他怎麼看待組織使命。希特勒、史達林、毛澤東等人是本世紀最具領袖魅力的領導者，但他們都對人類造成史無前例的巨大傷痛，因為他們心中沒有使命，即便有使命，那也是個錯誤的使命。使命是領導組織前進的力量。

　　我們來看看成功組織各自擁有什麼使命吧！女童軍的使命是「幫助女孩對自己有信心，幫助他們成為優秀的女性。」救世軍的使命是「讓遭到社會遺棄的邊緣人物，可以再次成為一般人。」希爾斯的使命是「一是為了美國農民，二是為了全美所有家庭，組織要提供正確的資訊，促成負責任的買賣。」

　　組織的使命具有重要的意義，它就像帶領組織前進的羅盤，使命越明確，紛爭越少。基層員工執行任務時，不必每

件事都詢問上司。只要把公司使命當成最高綱領，認真思考找出正確答案。

　　為了制訂成功的組織使命，必須注意以下幾點。

　　第一，對公司的事業絕對不打馬虎眼，做自己能力範圍內的事。醫院擅長治療疾病，而不是預防疾病。首先，我們必須明確定義出組織擅長的事情。

　　第二，快速縝密掌握周圍環境的需求，了解並反映顧客的需求。

　　第三，確實相信自己的工作。從某個角度看主觀這件事，我們會發現是極度的自我主義，並和價值有關連，因此，我們要使出渾身解數，想要成功達成使命，就必須擁有看時機抓住機會的能力，以及具備相應的專門知識、徹底的覺悟和信念。

　　在首爾車站，某企業品牌的門市老闆一度集體上街，示威抗議。他們滿臉憤怒手中高舉「○○集團老闆表面裝作是天使，內心其實是惡魔」的抗議牌子。我雖然不清楚內部真相為何，也知道不能只聽其中一方的話，但這個公司逼他們走上街頭，代表一定出了某些問題。看到該景象，讓我不禁思考起組織的目的。勞資有一方受損的情況，可以稱得上生意事業嗎？我們難道不能創造雙贏局面嗎？

　　M&M 巧克力的製造商瑪氏食品是一間全球性的企業，

互惠（Mutuality）是這間公司的核心價值之一。他們對於互惠的哲學是幫助利害關係人，對象甚至包含了競爭對手。這不只是空話，而是已經付出實際行動。瑪氏食品是一間非常大的公司，他們雖然有能力建構專屬的物流公司或 IT 公司，但他們卻不願意這麼做。因為如果做了這件事，目前一起合作的企業會遭受損害。

員工日復一日過著組織生活，當中有人想著組織的使命和價值嗎？即使有，也只是少數。對於使命和價值這兩個單字，大部分的員工都認為是老闆的詐欺術。相較於使命，大家對於什麼東西會賺錢？什麼東西會賠錢？如何才能賺更多的錢？等問題更有興趣。相較於過程，大家更重視結果。即便手段不可取，只要獲得成果，大家就會給予正面評價。然而，對組織而言，比起成果，更重要的是組織被賦予的使命和價值。

各位公司的使命和價值是什麼？有實踐在日常生活中嗎？如果你想要公司持續成長，一定要趕快訂出公司的使命和價值，一切都還來得及，同時也要具體計畫實踐目標的行動方針，並督促組織成員遵守實行。

V.

關於人的課題：管理

凱因斯創了經濟學派，杜拉克發明了管理學。

他是二十世紀最偉大的教育家、哲學家和顧問。

總共出版了 40 多本著作，更寫了無數的論文和專欄文章。

杜拉克發明了管理學的專業術語和原理，麥可・漢默（Michael Hammer）
曾說：

「杜拉克如同亞里斯多德和牛頓一般的存在，當今管理學的研究和概念的
源頭都是杜拉克」。

管理是什麼？

做任何事情之前，我們都必須了解每個單字的正確意義。「管理」就是具有代表性的單字，我們要不斷思考「管理」的意義，提出自己的見解。

杜拉克定義的管理如下。

第一，管理與人息息相關。管理的課題在於協助擁有不同技術和知識的人互助合作，產生績效，讓他們發揮所長，彌補其短，使缺點不會成為阻礙，達成共同的目標。

第二，為了共同的目標，整合人力資源，這和組織文化有著密切相關。雖然課題相同，但該以何種方式執行，每個人的方法都天差地遠。好的組織擁有優良的文化，組織文化會對公司發展帶來重大的影響。

第三，組織成員擁有相同的目標和價值觀。沒有共同目標和價值觀的組織，不過就只是一群烏合之眾。

第四，給予組織成員新機會，隨著環境需求與機會的改變，而有所成長和發展。成為「教與學」的組織，絕對不可以中斷訓練和潛能開發。

　　第五，企業是由各式各樣的人所組成，做著各種工作的地方。正因如此，溝通和個人責任是組織的堅強後盾。各自的目標是什麼？需要何種幫助？為了其他人的任務，我們需要貢獻什麼？組織成員必須清楚理解彼此的想法。

　　第六，為了企業的健康和成果，我們必須開發各種評估方法，評估各個任務的成果，同時不斷改善評估的方法。

　　第七，顧客滿意度，也是最重要的一項。我們要掌握顧客的需求，提供滿足他們需求的商品或服務。不同的組織可以透過不同指標評估成果，醫院是病人的治癒率，學校則是觀察 10 年後，有多少學生真正學以致用。

　　李秉喆打造出三星帝國，他這麼定義管理：「企業管理就是規劃工作。經營管理中的「經」字代表繩索排列出的直線，「營」字則是隨著直線繞圈綑綁的意思。所謂的管理，不管是建高樓或築大路，我們都要事先做好計劃。」事前規劃，按照計劃執行就是他說的管理。

　　在各位心目中，誰是最厲害的管理者呢？杜拉克認為，最厲害的管理者是 4,000 年前在金字塔現場的指揮者，還有負責築出羅馬道路的人，這些作品都還存在這個世界上就是最好的證據和理由。仔細想想會發現，當時的人能夠蓋出這些建築，真的是一件非常偉大的事情。4,000 年前沒有重型機械的幫助，他們是如何辦到的呢？如何動員人力？如何搬運建築材料？誰想出複雜的建築設計？又是如何投入人力搭建？現場怎麼供應食物？建築工人的薪水如何支付？

管理的課題投資新事物

　　綜觀杜拉克的一生會發現，他不只是一位管理學專家，他更關心人類的發展，重視對社會的貢獻。世界知名的管理顧問吉姆‧柯林斯（Jim Collins）曾說過「超越好的企業，成為偉大的企業」、「成功創造偉大企業的經營策略」…等話，杜拉克對此曾提出忠告：「不要擔心自己要如何取得學術和經濟方面的成功，而是應該思考如何成為有用的人，協助創造一個更加美好的社會」。

　　杜拉克曾問清潔公司 ServiceMaster 的執行長波拉德（Pollard），你想要經營什麼樣的事業？波拉德回答，我想要提供清潔服務、修剪草皮、害蟲防治、保全服務時，杜拉克告訴他：「這些都不是正確答案，如果想成為提供這些服務的公司，你首先需要人力。對 ServiceMaster 公司來說，最重要的是選拔、教育和培養人才，只有執行長能夠處理這些問題。」

　　組織只是手段，組織本身不是目標。我們不應該問「組

織是什麼？」，而要問「組織該做什麼？組織的任務是什麼？」經營的事業應該呈現何種樣貌？經理人要有明確的答案。所有事物的出發點都是顧客，滿足顧客需求的商品為何？顧客尚未被滿足的需求有哪些？經理人都必須清楚知道。

定義企業的目標和使命是一件困難且痛苦的事，同時伴隨著危險。只有決定這些內容後，我們才能進一步規劃事業目標、制訂戰略和集中資源。目標要和行動有關連，並轉換成具體的工作內容。目標要能激發員工工作的意志和動機，同時作為評估標準。組織要先有目標，才能進一步集中資源和努力。

企業應該設定目標的領域共有八個：行銷、創新、人力資源、財力資源、物力資源、生產力、社會責任和獲利能力。我們必須在各種目標間取得平衡，如：長期目標和短期目標的平衡、虛擬和實體間的平衡。目標不是用來綁住組織成員，而是要促使他們做出貢獻。

只有目標，企業無法創造未來，目標是幫助我們活用手中資源的手段，進而創造出未來的關鍵鑰匙。「你的使命是什麼？你打算何時離開現在的工作？你為了達到短期的效率目標，是否損害了長期目標的能力？事業目標是什麼？」杜拉克經常向經理人提出這些的問題。

　　「課題」兩個字扣人心弦，企業有無數的課題要處理，其中挖掘和培育新事業是最重要的。只安於現有的事業，企業無法永續發展。如果當初三星電子只發展電視和微波爐事業，沒有進入半導體事業挑戰的話，現在的三星電子會變成什麼模樣呢？現代公司如果沒有投資汽車和造船產業的話，擁有巨大產值的現代汽車和現代重工業都不會存在。如果這些狀況成為現實，韓國又會變成什麼模樣呢？我不願意去想像。

　　這個道理也可以套用到個人身上。只靠一首熱門金曲，歌手無法撐過 30 年的生涯。靠熱門歌曲大紅的歌手還是得持續創作，傳唱全新的歌曲。文學作者和講師也一樣，我們不可能只靠一本書打天下。各位所面臨的最大課題是什麼呢？你有投注大量資源到該課題上嗎？

企業的目的，創造市場

　　為何要經營企業？經營企業的目的是什麼？一般生意人的答案是為了賺錢。這是正確答案嗎？這種答案就像是被問到「為什麼活著？」我們回答「為了不想死，所以活著。」一樣，聽起來彷彿是答案，但卻不是真正的回答。對企業來說，利潤不是目標，而是限制條件，只是用來判斷決策可行性的基本條件。企業真正的目的是創造市場，提供具有全新價值的商品或服務，打造一個全新的市場。

　　顧客是企業生存的先決條件。那麼，為了創造市場，企業的基本功能是什麼呢？分別是行銷（marketing）和創新（innovation）兩大功能。為了達到目的，企業必須投注資源在這兩項上。

　　第一，發現顧客的喜好，這就是行銷。理想的行銷是讓推銷販賣變得不重要，行銷不是問「我們想要賣什麼」，而是問「顧客想買什麼」。

　　第二，找出顧客自己也不知道的需求，這就是創新。創新不只是發明新的商品，如果能在舊商品或服務找到新用途，同樣也是創新。為了達到業績，企業也只有行銷和創新

這兩個基本功能。

什麼是市場？觀察大自然生態，我們可以了解市場的運行方式。為求生存，動物做了哪些事？大自然的生態建立在食物鏈上，小魚吃浮游生物，大魚吃小魚……再自然不過的現象。然而，如果食物鏈斷掉，有些物種就會滅絕。

在競爭環境下，弱肉強食，適者生存。市場機制的第一條原則就是生存競爭，只有強者能活下來。不過，市場並非只有一種面貌，它還有相輔相成的特性，企業互相幫忙，一起攜手生存。

在非洲肯亞北部的高原地帶上，有一種名為金合歡樹（drepanolobium）的刺槐植物，這個地區本來不適合它們生存，但金合歡樹卻在這裡活得很好。佛羅里達州立大學的生物學教授研究發現，這裡的金合歡樹帶刺的末端有一個空室，在這個小小的空間裡，住著一種重量只有 0.5 毫克，名為舉尾家蟻（Crematogaster）的小螞蟻。刺槐之所以難以在此地生存，其中一個原因就是大象喜歡啃食刺槐的樹枝。

不過，這個地區的大象如果啃食金合歡樹的話，這種特殊的小螞蟻會成群鑽進大象的鼻子裡，大象的鼻子很敏感，他們難以忍受這種痛苦。這個地區最後只剩金合歡樹，沒有其他品種的大樹。金合歡樹和舉尾家蟻成為共生體，一起保護這個地區的生態，維持生物的多樣性。

　　對人類來說，我們生活在名為市場的生態圈裡。即便一個人的能力再好，只要市場死掉，我們也會跟著死亡。我所待的圈子如果崩壞，我也會跟著崩潰。為了經營生意，首先要了解市場生態。互助和競爭一樣重要，大家都應該為市場做出貢獻。

經理人必備的資訊

只要可以量化，我們就能改善問題。如果沒辦法量化，我們便無從改善。我們無法改善問題，是因為我們沒辦法量化所有指標。經營管理不是靠一張嘴，而要以數據為基礎。經理人必須擁有自己的管理指標，對經理人來說，必備的資訊有哪些呢？

第一，基本情報。

如：現金流、流動率、新商品銷量和庫存比、發行公司債伴隨的利息和收益比…等，這些是最基本的結構性資訊。

第二，生產力資訊。

生產力是指用最少的投資，產生最大產出。萬一企業的利潤低於資金成本，財務將呈現赤字。EVA（economic value added）用來分析經濟附加價值，它可以計算在包含資金成本的所有成本之外增加的價值；標竿評比（Benchmarking）計算生產要素的生產力。兩者結合在一起，可以作為企業的評估標準。

第三，影響力資訊。

在所有市場中，最容易被扭曲的是人才市場（talent market）。一名天才可以養活數百萬名人類。該如何引導具備影響力的人才，並持續維持這股力量？這個答案會左右企業的生存。

第四，資金和人才配置的資訊。

現金流動的狀況好嗎？你是投資到報酬率高的領域，還是莫名其妙的東西上呢？你是把人力安排在極具發展性的位置，還是在普普通通的地方呢？

經理人必須要具備敏銳的直覺，擅長蒐集和分析情報。羅斯柴爾德家族（Rothschild）比其他人還快得知滑鐵盧戰役的情報，因而踏往成功之路。三星電子能成功，歸功於李秉喆會長蒐集和分析情報的能力。每年年底，李會長會飛到東京，思考未來的事業藍圖。每過一段時間，他會固定訪問東京，考察當地狀況，同樣也是為了構思全新的事業版圖。李秉喆會長蒐集情報的方法如下。

首先，他會蒐集所有電視台一年內製作的各種特別節目，由大學學者或資深新聞主播講述這一年日本經濟活動的總整理和未來一年的展望。根據這些報導內容，除了可以了解日本社會的現況，也能得知日本人感興趣的事物有哪些。

再來，他會邀請財經記者共進晚餐，進行對談。記者是對時事最敏銳的一群人，雖然缺乏深度，但絕不會錯過任何蛛絲馬跡。為了進行深度的談話，他不會一次招待一大群

人，而是每次只招待一名記者。詢問前一年的產業狀況，景氣好的產業有哪些？未來是否有發展性？原因有哪些？他藉由談話了解日本產業的動態，猜測未來的新興產業，哪間公司經營的好。

掌握大致的狀況後，李秉喆會長再從這些產業中，挑選自己有興趣的領域，與這些領域的大學教授和學者見面。記者知道的東西廣，學者知道的東西深。他也會邀請實際在產業奮鬥，闖出成就的企業人士，仔細聽他們的故事。即使是同樣的事情，記者、學者和產業人士的視角都不同。

最後，他會買書。一旦對某個領域有感覺，他會一次購買數十本書籍送到秘書室，要求部屬研讀內容，並檢討該事業的可行性。因為有一連串的學習，最後才造就三星在半導體產業的成功。各位手上有哪些資訊？你是否缺乏資訊？你還想知道哪些資訊？透過各種管道取得資訊後，你又是如何分析呢？

清楚優先順序

　　為了達到業務目標，經理人必須擁有單純且明確的經營理念，並回答以下三個問題。

　　第一個問題，你認為經理人是一個什麼樣的職業？經理人在做什麼？經理人把資源投資在未來的機會上，努力獲得成果。然而，許多經理人做不到這一點，他們重視急迫性高於重要性，聚焦於危機處理甚於開創新機，浪費時間和資源在不重要的課題上。經理人必須懂得投資的優先順序。

　　第二個問題，現在最大的問題是什麼？我們必須區分效能（effectiveness）和效率（efficiency）的不同。效能是做對的事（Do the right things），效率是用對的方法做事（Do the things right.）。兩者都很重要，但效能永遠排在效率的前面。有效率地執行不必要的事，純粹是白忙一場。

　　第三個問題，原則是什麼？所有的企業活動都按照80/20法則（帕累托法則，Pareto Principle）運作。少數的核心顧客和核心商品造就企業的成敗，我們要懂得預測結果，並決定集中投入資源的領域。

首先，我們必須懂得分析（analysis）。商品帶來的機會和費用分別是多少？每個員工的潛在貢獻度是多少？公司都必須一一計算出答案。

再來，我們要懂得分配（allocation），目前公司資源的分布狀況如何？為了聚焦未來的機會，我們應該如何分配資源？為了達成目標，我們需要哪些東西？

最後是決策，決定所有事情的先後順序。

杜拉克主張，為了達到高效能管理，組織成員必須清楚自己的角色，追求效能和效率，擁有明確的原則。以上這些東西，最終都以優先順序的型態呈現，我們要區分事情的輕重緩急，把精神和時間投資在重要的事情上。我們該如何決定優先順序呢？不要問自己喜歡做什麼事，而是要問組織需要我做什麼事，如此一來就可以找到答案。

每個組織面臨的狀況不同，需要解決的問題也不一樣。尋找新的成長動力、培養接班人、處理火燒屁股的問題、員工教育訓練、培養接班人、建立企業經營原則……等。

根據事情的急迫性和重要性，我們可以從四個面向思考需要做的事情。

第一種是重要且急迫的事情，優先順序中的第一名，屏除所有雜念，投入所有資源在這個任務。

第二種是雖然重要，但並不急迫的事情。面對這種任務時，只需要訂出每件事的截止期限，按照計劃執行完成，但

千萬不可以忘記截止日。

　　第三種雖然不重要，但卻很急迫的事情。面對這種任務，經理人要減少涉入的程度，用最快速的方法解決問題。最好是找到擅長處理的人，把工作轉交到他們手上。

　　最後是既不重要，也不急迫的事情，例如：重複性高的文書整理。我們不需要每天處理這些事，一個禮拜整理一次就好，也可以交給其他人處理，或是乾脆不要碰，這種事情就算不斷延後也無所謂。

　　判斷一個人是否具有領導能力時，我會觀察他安排事情優先順序的方法，從中了解他的價值觀、原則、效率…等，我們必須花費大量的腦力才能決定事情的優先順序。各位的優先順序為何呢？你覺得你的安排正確嗎？如果要你改變順序的話，你會怎麼改呢？

企業的五條大罪

　　以下是杜拉克在 1993 年 10 月 2 日《華爾街日報》刊登的文章大綱。1993 年是美國企業的冰河期，日本汽車業的全盛期，甚至有人稱之為第二的珍珠島事件，美國企業度過了結構調整、資遣解雇員工等的艱困時期。杜拉克以「究竟為什麼發生這些事？該如何做才不會重蹈覆轍？」為主題，撰寫了一篇文章。

　　第一個錯誤是推崇高獲利率和高價政策。

　　全錄（Xerox）在 1970 年代首先推出了影印機，當時因為沒有其他競爭對手，影印機定價非常高，在短時間內獲取極大利潤。全錄為了維持市場價格，在產品上增加不必要的功能。另一方面，佳能（Canon）加強基本功能，用低廉的價格進入市場取得勝利。由此可見，高價政策會吸引競爭者進入市場。

　　第二個錯誤是新產品的訂價政策。

　　美國企業習慣把商品的價格訂在市場所能接受的最高金額，就算公司產品具有專利也會喪失競爭力。顧客不願買

單，企業喪失成長機會。美國人發明傳真機之初，公司堅持高價策略。2~3 年後，日本企業用便宜百分之四十的價格進入，瞬間在美國市場引起熱潮。相反地，杜邦公司的尼龍訂價策略，讓他們在市場上屹立不搖。1940 年代，杜邦開發出名為尼龍的新產品，價格訂在應賣價格的五分之二。對其他競爭者來說，他們需要 5~6 年後才能提供如此低廉的價格，杜邦的訂價策略延緩了競爭者進入市場的念頭。

第三個錯誤，價格要問顧客。

商品價格由市場決定，若顧客無法負擔公司的期望價格，商品就會賣不出去。美國企業的訂價方式是總成本加上利潤，日本企業則是按照顧客希望的價格製造商品。訂價策略的差異，使得美國在生活家電產業徹底失去了競爭力。

第四點錯誤，因為過去的成功，犧牲未來的機會。

IBM 在大型電腦市場非常成功，但這個成功的經驗，導致他們在個人電腦市場上重重跌跤。當時，IBM 的決策者擔心個人主機市場會衝擊既有的大型主機市場，因此在個人主機市場採取極度消極的態度。

第五點錯誤，忙著解決問題，反而錯失機會。

企業如何分配人力資源？大部分的公司習慣把一流人才用在解決問題和競爭激烈的產品上，解決問題的確可以減少損失，但卻失去成長的機會。通用汽車面臨組織重整時，只保留了當時前兩名的事業體，其他事業一律摒除，並把一流的人才安排在具發展潛力的事業體上，最後順利邁向成功。

我認識一位自稱他是全韓國身價最高的講師，一小時收費數百萬韓圜，只有 S 集團請得起他。我聽過他的演講，並沒有發現什麼特別之處。我甚至開始懷疑，這種程度的內容，究竟是誰願意支付昂貴的講師費用。最後如我預料，這個人從市場上消失了。瑞來村有一間義大利麵店，他們也是相同的狀況，總說自己是全首爾最高價的餐廳。餐廳的食物是不難吃，但不是最頂尖的。我曾經在中午時段到這家店用餐，發現除了我以外，並沒有其他客人。理由很簡單，就是價格太貴了。

尹石鐵（音譯，Yoon Suck Chul）教授提出的生存不等式是用來判斷一間企業是否適合生存的工具。企業想要在市場中生存，價格要比成本高，價值要比價格高。等號兩端的差距越大，組織越能乘勝追擊。

杜拉克主張的企業五條大罪中，驚人的是有三項跟價格有關。訂定商品價格時，企業可以採用高價策略。重要的是，這個價格是會招來競爭者，還是嚇跑顧客？你對自己公司的商品價格有什麼想法呢？

M&A 的成功原則

有很多方法可以促使企業成長，其中之一是收購。收購的主要目的是獲取有形和無形資產，如：尖端技術、品牌、物流網、人才等。

針對收購，杜拉克提出四個原則。

第一，成功的收購案是以業務策略為基礎，而不是財務策略。這個原則非常重要，必須根據買方的未來業務戰略和企業目標做決定。傑克・威爾許（Jack Welch）收購其他公司的標準是第一名和第二名，目標明確帶來成功。企業要懂得管理按照業務策略計畫出的事業投資組合。

第二點，買方要對被收購方做出貢獻。跳脫收購方與被收購方的思維，雙方一同經營，努力創造綜效。旅行家集團（Travelers）收購花旗銀行（Citibank）的案例中，雙方同意使用花旗作為合併後的名字，合併後的公司則由雙方的 CEO 共同擔任管理者，他們順利成為世界最大的金融機構。

第三點，結合的共同核心。LVMH 是世界知名的精品

品牌，該公司在 1987 年由路易威登（Louis Vuitton）與酩
悅‧軒尼詩（Moët Hennessy）合併成立，精品品牌為何選
擇和酒類公司合併呢？雖然產業別完全不同，但這兩家公司
都是業界的佼佼者，彼此有相通的部分。

　　第四點，指派新任高層管理團隊。從被收購方的公司挑
選人才，而非收購方的公司。被收購方的員工也有升遷機
會，消除雙方隔閡，防止核心成員流失。思科（Cisco）八
年內合併了 70 間公司，他們花費了很多精神在凝聚員工向
心力。因此在泡沫化後，公司依然健在。

　　熊津（Woongjin）和 STX 等公司是企業合併失敗的案
例。企業可以透過收購成長，但也可能因為收購失敗而沒
落。該如何促成理想的企業收購案呢？我們可以參考 2012
年 4 月 24 日的〈Money Today〉的一則報導，百森商學院的
湯馬斯‧達文波特（Thomas Davenport）教授提出兩個測試
方法，分別是「better off test」和「ownership test」。

　　「Better off test」用來判斷合併後，企業是否能產生綜
效。它可以判斷各種狀況，如：合併其他企業或互相合作
時，是否能產生規模經濟？能否提高商品的價值和價格？能
否強化競爭力？……等。大部分的案例都能通過「Better off
test」的測驗，「Ownership test」才是真正的考驗。

　　「Ownership test」主要用來判斷收購的必要性，它的核心問
題是「能否不用收購，而是透過其他方式合作，企業就能創

造出綜效？」。

　　「總生產量增加時，平均成本是否會跟著增加？」我們必須確定不會發生這個問題。美國哥倫比亞大學企業管理學系的埃內斯托·魯賓（Ernesto Reuben）教授曾說：「大部分的 M&A 案都會通過 better off test，但在 ownership test 上遭到淘汰」，「不顧財務面負擔，投資高額只為了合併其他公司，是沒辦法創造理想的綜效成果」。

　　所有的事情都有正反兩面，收購可能是公司成長的補藥，也可能是毒藥，縝密地分析每個細節，最後再下決定才是關鍵。收購的目標要明確，不只要能看到實質層面的好處，彼此更要產生化學效果。兩個組織完成合併後，經理人要花費更多精神在 PMI（post merge integration）上。總而言之，收購整合不是一件容易的事。

成長的挑戰

過去幾年之間，你的組織是持續成長，還是逐漸衰退呢？成長是生存的必要條件，停滯代表淘汰。或許有些人會說「現在一切好好的，哪需要成長」，這可是天大的誤會。萬一組織的成長率達不到業界平均值，該企業會被市場淘汰，遭收購或拋售的可能性非常高。成長是生存的必要條件，但重要的是往正確方向成長。

機會是給準備好的人，因此要檢驗以下三點。

第一點，組織是否已經做好成長的準備？企業和員工必須一同成長，只有員工成長，企業才會跟著成長，也只有企業成長，員工才會跟著成長。組織內的學習氣氛很重要，員工是否已經準備好接受需要更多新技能和責任的工作呢？答案如果是肯定的，這個組織便會成長。

第二點，為了成長制定的財務計畫。財務策略是成長的基本要件，組織如果沒有錢，成長幅度就有限。CFO 為何是企業第二重要的人物？因為 CEO 是指示未來方向的人，CFO 則是實踐未來計畫的人。

　　第三點，高階經理人的成長意志和實踐態度。周遭有很多高階經理人不具有成長意志，我們該如何培養出該意志呢？首先，籌組一隻專門用來改變現況的經營團隊，並明確指出團隊目的。留意組織內出現的各種症狀，如：員工離職率高、顧客滿意度低落、工會動向的改變…等都是典型的症狀。我們必須檢討組織為何會出現這些狀況，企業政策要如何修正才能減少這些動盪？此外，對於這些必要的變化，經理人要有所共鳴，若無法和員工感同身受，CEO 就必須離開第一線的位置。企業的成長直接影響到企業的生存。

　　柯達（Kodak）曾是相機和膠卷代名詞，最終卻面臨破產。柯達沒落的直接原因是數位相機的登場。在 1975 年，科達發明了史上第一台數位相機，但他們沒有將它進行商業化，而是把它藏了起來。因為柯達自認是底片供應商，若推出數位相機，他們覺得會危害到祖業。

　　19 世紀中期，美國國鐵（Amtrak）的組織任務是「提供鐵路運輸服務」。隨著飛機普及化，1960 年代起，美鐵逐漸沒落。試想，美鐵一開始如果把組織任務訂為「提供快速且安全的運輸服務」的話，這家公司是否會有不一樣的未來？

　　有一頭小象被鐵鍊綁住，一開始牠還會試著掙扎逃脫，最後耗盡了全力，卻依然失敗。又過了一段時間，小象長大了，牠的力氣早已足夠弄斷鐵鍊，但卻因為過去失敗的記

憶，牠絲毫不想嘗試。

　　以上這三個故事的共通點是什麼？答案是畫地自限。

　　部分公司過去靠著開發 2G 手機軟體，組織得以快速成長。不需要做出特別的努力，公司賺的錢足以讓大家過上好日子。然而，隨著 2G 手機使用人數減少，問題就發生了。所有人都感受到危機，因為不是只有一間公司遇到狀況，整個業界都遇到類似的問題。到這個時候，問題已經不是組織要不要選擇成長，而是能否生存的問題了。為了成長，我們要持續挑戰（challenge），而挑戰真正的含意是抓住機會（chance）。

偉人杜拉克的年少時期

　　仔細分析杜拉克的人生，可以發現父母的 DNA 很重要。杜拉克出生於一富裕家庭，父母皆是高知識分子。彼得·費迪南·杜拉克（Peter Ferdinand Drucker）在 1909 年 11 月 19 日出生於奧地利首都維也納，他的父親阿道夫（Adolph）曾任奧地利財政部長官。二次世界大戰結束，杜拉克一家移民到美國，阿道夫進入北卡羅萊納大學（University of North Carolina）任教。他的母親卡洛琳（Caroline）是奧地利醫學院的第一名女學生，同時也是佛洛依德的弟子。1919 年杜拉克年滿 10 歲的那一年，也是第一次世界大戰結束的隔一年，他進入維也納文理中學（Vienna Gymnasium）就讀，接受古典和藝術等知識的全人教育。約瑟夫·熊彼特（Joseph Schumpeter）和馮·米塞斯（Von Mises）都是杜拉克父親的朋友，杜拉克自幼就常與他們接觸。過了 15 歲，杜拉克開始跟著父母參加沙龍聚會，在那時認識了諾貝爾得主湯瑪斯·曼（Thomas Mann）。

　　一顆聰明的頭腦和良好的成長環境，杜拉克獲得許多養分，運用敏銳的觀察力，把周遭的經驗和智慧轉換成自己的東西。杜拉克曾說，他是自己人生的旁觀者和分析家。

　　談起小時候的生活，他這麼回顧：「14 歲那一年，我看著前方的爛泥巴坑，心中想著要避開它，卻受迫於後方逐漸逼近的隊伍，最後仍舊踏上這條泥濘路。我費盡全力想要改變未來出路，到頭來只是白忙一場。我走在我不願意走的路上，一股巨大的力量不斷從後方推擠，當時的我無比痛苦。然而因為有了這些經驗，在往後的日子中，我對事情能夠有不一樣的看法，或許這就是我的宿命。」杜拉克在 10 幾歲時，曾經懷疑過無聊的中學教育，他也想要離開當時逐漸破敗的奧地利。

　　後來，杜拉克以實習生的身分進到漢堡的一間貿易公司，這是他 18 歲發生的事。在貿易公司上班時，杜拉克發現經理人不可以單純只依靠數據分析，商業往來的現場也十分重要。在那之後，他不斷強調現場的重要性，認為經理人必須到現場觀察、提問和制訂解決方案。貿易公司並沒有占據他所有的生活，杜拉克同時進入漢堡大學的法學院就讀，他沒有經常參與課堂仍順利畢業。雖然是無趣的日子，杜拉克卻過得非常充實。在這十五個月裡，他讀遍了德語、英語、法語寫成的著作，有湯瑪斯‧曼、歌德、查爾斯‧狄更斯、珍‧奧斯汀等人的小說，這也幫助他紮下了深厚的人文學基礎。

在這段日子中，杜拉克也經常觀賞歌劇表演，曾一睹
19 世紀義大利的知名作曲家朱塞佩・威爾第（Giuseppe
Verdi）的歌劇作品，該作品是威爾第在 1893 年創作的最後
一齣歌劇《法爾斯塔夫（Falstaff）》。《法爾斯塔夫》是一
部對人生充滿熱情活力的歌劇作品，杜拉克難以相信這部如
此歡快的歌劇，竟然是由高齡 80 歲的威爾第創作出來的。
杜拉克的一生都追求完美，這個理念也支配了他的一生。

有句話說，一個家庭若要出現一名偉人，需要經過三個
世代的累積，查爾斯・達爾文（Charles Darwin）就是最好
的例子。他所主張的進化論是從父親時代就開始研究，最後
才獲得成果，過程不僅需要金錢的支持，更需要知識上的累
積。杜拉克也是一樣的狀況，他能成為現代管理學之父，父
母給予了很大的影響。杜拉克看著各自擁有經濟學和醫學專
業知識的父母長大，成長的過程更與父母身邊的友人來往，
這些都帶給他很大的刺激。父母本身不願意努力，只是一昧
把自我期望加諸在兒女身上，絕對無法養育出偉大的人物。

成為「現代管理學之父」

　　凱因斯（Keynes）創了經濟學派，杜拉克發明了管理學。杜拉克是 20 世紀最偉大的教育家、哲學家和商業顧問，一生總共出版了 30 多本著作，並刊登了無數的論文與專欄文章。杜拉克創造了管理學的專門用語與原理，有無數的經理人受到他的影響。傑克・威爾許做出「除了第一二名，其他事業全都收掉」的決策，正是杜拉克給予的建議。

　　微軟（Microsoft）的比爾・蓋茲（Bill Gates）、英特爾（Intel）的安迪・葛洛夫（Andy Grove）也同樣受到很大的影響，企業流程再造（ＢＰＲ）的創始者麥可・漢默（Michael Hammer）曾這麼說：「杜拉克是等同亞里斯多德和牛頓一般的存在，當今管理學的研究和概念皆源自於杜拉克」。

　　1940 年代，杜拉克主張分權管理（decentralization），現在的企業都按照這個方式經營。1950 年代，杜拉克提到員工不是企業的成本，而是企業的資產，他是第一個提出人力資源概念的人。沒有顧客的話，企業也不復存在，這是行

銷學誕生的背景。1960 年代，杜拉克主張企業管理不該聽從領導者的意見，而是應該根據經營策略運作，按照組織任務和願景進行管理。1970 年代，杜拉克則提出知識管理的理論。讓我們來看看他的經歷吧！

1927 年，進入漢堡大學攻讀法學。1929 年，擔任法蘭克福報社的財經記者。1932 年，製作了批判納粹的小冊子，但全數遭銷毀。1937 年，與桃樂斯・舒密茲（Doris Schmitz）女士結為連理，之後移居美國，擔任英國報社的駐美記者。

1939 年，出版第一本著作《經濟人的末日（The end of Economic man :The origin of Totalitarinism）》。1940 年，出版《企業的概念（Concept of the Corporation）》。1950 年，受聘為紐約大學教授。1954 年，出版《彼得・杜拉克的管理聖經（The practice of management）》。1971 年搬到加州，擔任克萊蒙特大學教授一職。

看著杜拉克的一生，讓我想到北京清華大學的校訓「文理滲透，中西融合，古今疏通」。文學和理學相互交流，中國和西洋文化的融合，古代和當今彼此互通。杜拉克選擇攻讀法律，但每天下午都到圖書館閱讀各個領域的書籍，翻閱無數的文學作品。杜拉克雖然畢業於法律系，但他的知識底層蘊藏著豐富的人文基礎。杜拉克曾擔任證券公司的分析師、報社財經記者、銀行分析師，但他也對政治非常關心，

更曾經製作了批判納粹的小冊子。

　　杜拉克能夠擔任英國報社的駐美記者，代表他非常了解英美兩國的狀況。記者必須要有敏銳的直覺，他也在這個時期培養了閱讀社會潮流的能力。在他 30 歲和 31 歲時，分別出版了《經濟人的末日》和《企業的概念》兩本書。從那時開始，杜拉克實踐了自學並出書的學習方法。高手不是一夕之間就誕生的。

家庭生活也成功

　　杜拉克是一位謙虛樸實的人，他雖然擁有管理學之父、導師等無數的稱號，但他是這麼形容自己的：「我是一名旁觀者，只是幫助了幾名優秀的經理人，讓他們能更有效率的工作而已。」比起強調自我的重要性，他更重視組織是否有受到幫助。杜拉克管理研究所（Drucker School of Management）是取他的名字所成立的學校，當時有一名捐款人捐了兩千萬美金，於是杜拉克想要將捐款人的名字加入校名，但學生們卻極度反對。杜拉克卻覺得如果不這麼做，未來學校在募款可能會面臨困境，於是他這麼對大家說。

　　「我死後三年，我的名字對學校發展不再有幫助。如果有人願意捐一千萬美金給學校，而條件是把我的名字從校名剔除的話，我不會有任何意見。」最後，學校的名稱改為「彼得・杜拉克與伊藤雅俊管理學院」。杜拉克主張不可以成為他人的偶像，1990 年由弗朗西絲・赫塞爾貝（Frances Hesselbein）推動成立的杜拉克非營利管理基金會（Peter F. Drucker Foundation for Nonprofit Management），同樣也在 2002 年正式改名為 Leader to Leader Institute。一般人通常很

難做到這些事情，但杜拉克認為他所主張的理論和思想也應
該成為創新的對象，杜拉克過著言行一致的一生。

　　杜拉克的婚姻生活也非常成功，特別是妻子多瑞絲
（Doris）對杜拉克是非常重要的人物。他總說當需要做重
要決策時，最後都是由妻子做決定。杜拉克年過九十後，曾
被問到對家庭有什麼目標，他則笑著回答：「不要被妻子拋
棄就是我的目標」。他也有自己的一套婚姻哲學，他說「我
們非常尊重彼此的工作，這幫助我們能夠持續過著幸福的婚
姻生活」。

　　當杜拉克被問到，夫妻的個性差異會對婚姻幸福帶來什
麼影響時，他這麼回答：「婚姻不幸福並不是個性差異造成
的。大多數人會認為，夫妻間的個性和氣質要很相似才能有
幸福的婚姻生活，但這卻不是事實。我所認識的幸福夫妻
中，大部分的個性和氣質都相差甚遠，我和我太太也是一樣
的狀況。無論是個性或氣質，多瑞絲和我都不一樣。我老是
不停地講話，多瑞絲則是靜靜地聆聽。我喜歡把我知道的東
西教給別人，多瑞絲卻不喜歡。多瑞絲交友廣闊，非常容易
就能和陌生人成為朋友，但我卻不是這樣的人」。

　　知名人士中，有許多人的個性都很古怪。雖然他們在學
術方面頗有成就，但因為不擅於人際關係，很多時候會惹人
嫌。這群人認為自己很了不起，所以不太把其他人放在眼

裡。一旦覺得自己遭到忽視，有時還會無理取鬧。杜拉克之所以偉大，是因為即便他已經擁有了偉大的成就，但他對人始終相當謙卑，這並非一件容易的事情。

杜拉克謹守本分過日子，他非常了解自己的個性，所以他拒絕哈佛的邀約，堅持待在比較小間的學校。麥肯錫想要聘請他當員工，同樣也被杜拉克拒絕，因為他知道和其他人一起工作時，比不上他獨自作業時的成果。杜拉克清楚知道比起龐大的組織，自己更適合待在小規模的組織中工作。

除此之外，杜拉克成功的家庭生活，讓他的一生更加耀眼。一般來說，事業成功的人，與家人的關係都會較為疏離，但杜拉克卻沒有犧牲家庭生活換取他事業的成就。我也曾經猜想，或許正是因為杜拉克很聽老婆的話，所以才擁有了這麼偉大的成就。

國家圖書館出版品預行編目資料

一口氣讀懂彼得‧杜拉克，韓根泰著，牟仁慧譯 --
初版 -- 新北市：新視野 New Vision, 2018. 08
　　冊；　公分 --（view; 4）
　　ISBN 978-986-96269-3-4（平裝）

1. 企業管理

494　　　　　　　　　　　　　　　　107008816

View 04

一口氣讀懂彼得‧杜拉克

作　　者　韓根泰
譯　　者　牟仁慧
出　　版　新視野 New Vision
製　　作　新潮社文化事業有限公司
　　　　　電話 02-8666-5711
　　　　　傳真 02-8666-5833
　　　　　E-mail：service@xcsbook.com.tw
印前作業　菩薩蠻數位文化有限公司
印刷作業　福霖印刷有限公司

總 經 銷　聯合發行股份有限公司
　　　　　新北市新店區寶橋路 235 巷 6 弄 6 號 2F
　　　　　電話 02-2917-8022
　　　　　傳真 02-2915-6275

初　　版　2018 年 8 月